干旱区核桃微灌技术与根区土壤水分模拟研究

赵经华　马英杰　洪明　马亮　等　著

中国水利水电出版社
www.waterpub.com.cn
·北京·

内 容 提 要

本书主要内容包括微灌核桃树茎流变化特征及耗水特性研究，成龄核桃树生理指标变化特征研究，微灌核桃树水肥耦合效应研究，微灌核桃树冠层特性研究，成龄核桃树根区土壤温度动态研究，灌水技术和灌水定额对成龄核桃树产量与品质的影响，微灌核桃树根系空间分布特性研究，微灌核桃树根区土壤水分动态变化的模拟研究等。

本书可供干旱区从事林果高效用水技术研究，节水灌溉工程规划设计、管理单位和高等院校相关专业的科研、教学和工程技术人员参考。

图书在版编目（ＣＩＰ）数据

干旱区核桃微灌技术与根区土壤水分模拟研究 ／ 赵经华等著. -- 北京 ： 中国水利水电出版社，2021.3
ISBN 978-7-5170-9470-8

Ⅰ．①干… Ⅱ．①赵… Ⅲ．①核桃－节水栽培 Ⅳ．①S664.1

中国版本图书馆CIP数据核字(2021)第044376号

书 名	干旱区核桃微灌技术与根区土壤水分模拟研究 GANHANQU HETAO WEIGUAN JISHU YU GENQU TURANG SHUIFEN MONI YANJIU	
作 者	赵经华 马英杰 洪明 马亮 等 著	
出版发行	中国水利水电出版社 （北京市海淀区玉渊潭南路１号Ｄ座　100038） 网址：www. waterpub. com. cn E - mail：sales@waterpub. com. cn 电话：(010) 68367658（营销中心）	
经 售	北京科水图书销售中心（零售） 电话：(010) 88383994、63202643、68545874 全国各地新华书店和相关出版物销售网点	
排 版	中国水利水电出版社微机排版中心	
印 刷	清淞永业（天津）印刷有限公司	
规 格	170mm×240mm　16开本　13.5印张　264千字	
版 次	2021年3月第1版　2021年3月第1次印刷	
定 价	**68.00元**	

前　言

　　水是生命之源、生产之要、生态之基。从古至今，水资源一直扮演着极为重要的角色，它不仅是人类生存的命脉，也是经济与农业发展的命脉。水资源是影响植物生长和发育的重要环境因子，是限制植物在自然界分布和影响植物生产力的一个重要因素。水资源短缺已成为制约我国经济社会发展的主要因素。我国人均水资源量为 2200m³，只有世界平均水平的 1/4，被联合国列为世界上最缺水的 13 个国家之一。伴随着人增、地减、水缺等矛盾的日趋凸显，水资源的合理利用成为亟待解决的重大问题。在水资源不断优化调配的阶段，农业用水合理配置无疑是重中之重。目前，我国农业灌溉用水中有一半以上由于管理不善、渗漏、蒸发等原因而损失掉，而灌溉水利用系数为 0.4～0.5。若在现有基础上将我国灌溉水利用系数提高 10％～20％，则每年至少可节省灌溉用水 350 亿～700 亿 m³。以"高产、高效、优质、低耗"为宗旨的节水生态农业，是新疆维吾尔自治区（以下简称新疆）农业走绿色发展道路的必然选择。不同的灌水技术有不同的适用范围，但针对干旱、半干旱地区而言，微灌无疑是最佳的灌水方式。微灌可以促使灌溉水缓慢、均匀而又适时适量地浸润作物根系，使作物主要根系活动区的土壤始终保持在最优含水状态，可节约用水 30％～40％。

　　新疆地处我国西北边陲，由于深居大陆腹地，远离海洋，降水稀少，蒸发强烈，以及独特的"三山夹两盆"地理环境，形成了显著的大陆性气候。新疆年均降水量 145mm，但丰富的日照资源、较大的昼夜温差等自然条件，为林果业的发展营造了适宜的生长环境。早在 20 世纪 90 年代中期，新疆就坚持把建设特色林果基地作为实施优势资源转换战略的一个重要内容。截至 2019 年年底，新疆地区优质林果的种植面积达到 2200 万亩，其中就种植核桃的面积已经达到 450 万亩，环塔里木盆地已成为我国的重要核桃出口基地。在南疆已建成了特色林果业的主产区，特色生产的果树以核桃、红枣、苹果、杏、葡萄、石榴、香梨、巴旦木为主；在东疆的吐哈盆地建立了非常优质的、高效的林果生产基地，主要以葡萄为主；在北疆的伊犁河谷以及沿天山山脉北边一带建立了很多个各具有鲜明特色的林果生产基地，主要以枸杞、鲜食葡萄和小浆果、酿酒等为主。今后新疆最主要的经济发展趋向于林果业的发展方向，林果业发展将会大大带动新疆经济的快速发展。随着节水灌溉技术应用推广，林果综合节水课题研究不断深入，从而引领果树农业节水科技进步和发展。

核桃是世界著名的"四大干果"（核桃、扁桃、榛子、腰果）之一。由于富含丰富的营养价值、药用价值和食疗价值，核桃一直广受大家喜爱。中国是核桃生产大国，新疆的核桃种植面积、产量均处于全国前列，核桃产业是发展新疆经济的重要组成部分。作为以林果业异军突起的南疆地区，以其独特的气候环境，为核桃的生长发育创造了更加适宜的条件。据资料显示，阿克苏、喀什、和田三个地区的核桃种植面积最广，占全疆核桃总种植面积的 96.90%。随着经济节奏的不断加快，人们生活消费水平的不断增强，核桃产品已经在瓜果业市场上站稳脚跟，同时，以核桃作为主打品牌之一的新疆南疆地区，已将核桃特色产业作为发展该地区的主要产业。因此，大力开发核桃产业、提高核桃栽植和灌溉效益、促进核桃产业的稳步绿色发展意义重大。

针对新疆快速发展特色林果业的要求，以提高特色果树水分利用效率、果品质量、水肥生产效率和经济效益为目标，本书选择新疆主要特色林果核桃树为对象，研究微灌条件下核桃树的耗水特性和水分调控指标，制定节水、优质、高产的核桃的微灌灌溉制度，优化微灌田间管网系统布置方式，创建微灌条件下特色果树的水分高效利用技术体系和微灌水肥动态精准调控技术，为新疆林果业持续发展提供技术支撑。通过示范与推广，将实现环塔里木盆地生态环境和社会经济的协调发展。

全书共分为 11 章，主要是作者在阿克苏地区开展核桃高效节水与灌溉制度试验研究、技术示范和推广应用成果的总结。第1章介绍了干旱微灌核桃树高效利用及灌溉制度研究意义、国内外研究基本现状以及研究的主要内容；第2章主要是对试验区概况、试验设计、测定项目及方法的介绍；第3章主要介绍了微灌核桃树茎流变化特征及耗水特性；第4章主要介绍了成龄核桃树生理指标变化特征；第5章主要介绍了微灌核桃树水肥耦合效应；第6章主要介绍了微灌核桃树冠层特性；第7章主要介绍了成龄核桃树根区土壤温度动态；第8章主要介绍了灌水技术和灌水定额对成龄核桃树产量与品质的影响；第9章主要介绍了微灌核桃树根系空间分布特性；第10章主要介绍了微灌核桃树根区土壤水分动态变化的模拟；第11章总结了幼龄和成龄微灌核桃树的耗水规律和灌溉制度等内容。

本书主要编写单位有新疆农业大学和新疆维吾尔自治区水土保持生态环境监测总站，主要撰写人员有新疆农业大学赵经华、马英杰、洪明、马亮、付秋萍和杨文新；新疆维吾尔自治区水土保持生态环境监测总站庞毅。本书由赵经华整理统稿，杨庭瑞、张纪圆、李丹、王忠任和赵付勇等在资料收集整理和编排等方面做了大量的具体工作。

在本书编写过程中，参阅和借鉴了许多核桃、红枣等果树高效利用及灌溉制度研究方面的论文、专著、教材和其他相关资料，在此向各位作者表示衷心感谢。

由于作者水平有限，书中难免存在谬误和不足，恳请读者批评指正。

赵经华

2020 年 11 月 1 日

目　　录

第1章 绪 论

1.1 研究的目的与意义

水资源短缺是一个全世界共同关注的话题，现在人们也越来越重视保护水资源。我国水资源占有量人均为 2200m³，占世界人均水资源量的 1/4[1]。2016年 1 月 11 日，国家卫计委预计 2030 年中国人口达到 14.5 亿的峰值，水资源占有量人均 1760m³，逼近国际公认的 1700m³ 的严重缺水警戒线。我国农业用水量约占总用水量的 63%，新疆达到 95% 以上，而且农业用水效率偏低，水资源短缺与浪费问题并存。因此，解决上述危机的根本出路，是大力发展先进的节水灌溉技术，实现农业高效用水，通过最大限度地提高农业用水效率推动农业发展和维持生态环境稳定发展，在水资源极度匮乏的新疆显得尤为紧迫。2012年国务院发布了《关于实行最严格水资源管理制度的意见》（国发〔2012〕3号），对新形势下水利事业的战略地位和作用做了新的定位，提出到 2020 年，农田灌溉水有效利用系数提高到 0.55 以上。2016 年 3 月，在第 24 个"世界水日"和第 29 届"中国水周"开幕之际，"坚持生态优先绿色发展，建设人水和谐美丽中国"一文，明确提出要全面贯彻"节水优先"的新时期水利工作方针，推行最严格的水资源管理制度。

从 1990 年以来，新疆就高度重视特色林果产业的发展[2]。2015 年第二届新疆特色果品（阿克苏）交易会中，新疆维吾尔自治区林业厅党委书记来景刚在开幕式上提出，全疆优质林果面积超过 146.7 万 hm²，总产量近 700 万 t，具备了向国内外提供优质果品的生产能力；其中，南疆环塔里木盆地以核桃、红枣、香梨、苹果等为主，种植面积超过 93.3 万 hm²，它将成为我国重要的特色林果生产、加工和出口基地。新疆核桃的种植面积达到 30 万 hm²，主要集中在环塔里木盆地[3,4]，其中阿克苏核桃种植面积占 40%，居全疆第一。但新疆目前的果园采用传统沟灌或畦灌，灌溉技术相对落后，传统的灌溉技术难以进行水肥的精确控制，导致果品品质差，商品率低，严重阻碍了林果产业的健康发展，因此发展节水型特色林果产业势在必行。

因此，本书选择核桃树为研究对象，采用水量平衡法和数值模拟等方法在核桃主产区进行了田间试验，将微灌技术应用于核桃生产，系统研究核桃的蒸腾耗水规律，确定各生育期的耗水模数和作物系数，通过对核桃树生理、土壤水分及气象指标的动态监测，分析不同灌水技术和灌水定额条件下各指标的动态变化，初步揭示微灌核桃的增产机理，在此基础上，筛选满足核桃需水要求的微灌技术，并利用 HYDRUS － 2D 软件模拟微灌核桃土壤水分动态变化，制定合理的微灌核桃灌溉制度，以期为提高核桃品质、产量和水分利用效率及核桃产业的持续发展提供技术支撑。

1.2　国内外研究进展

1.2.1　果树耗水特性研究

　　水是果树生长发育的重要组成部分，它参与并影响果树整个生长发育、能量流动、物质循环，同时也是农田循环系统的构成因素，因此研究果树耗水特性具有重要的意义与价值。果树耗水是一个循环消耗的过程，它包括蒸腾耗水、植被冠层、土壤水分蒸发等。其常见的测定方法有盆栽法、茎流仪法、同位素示踪法等。

　　盆栽法具有简单、方便、直观的优势，有一定应用价值。如 Janáček[5] 利用盆栽法对水分胁迫与光合作用之间的关联进行了研究，Miller 等[6] 利用盆栽法探讨了蒸腾速率与冠层辐射之间的关系，崔香等[7] 对三种盆栽灌木耗水特性进行对比分析，李邵等[8] 对温室盆栽黄瓜产量与品质进行研究。但盆栽大小容易受限、植株称重过于烦琐，造成所研究树种均为幼树或灌木，难以对大型树木开展研究，因此在研究果树时有一定的局限性。

　　茎流仪法是指通过植物茎秆的热传输特性与液流速率之间的定量关系推求植物的茎流速率。常见的茎流仪有针式茎流仪和包裹式茎流仪，其原理是利用可靠的传感器记录树干内茎流速率[9]。因为茎流仪可以直接测定树干内茎流速率，所以应用广泛。Braun 等[10] 利用包裹式茎流仪对葡萄耗水规律进行探究，李思静等[11] 对油蒿茎流动态及其环境控制因子进行了研究，Moreau 等[12] 探究了甘蔗和山核桃茎流规律都取得了较为理想的结果。但针式茎流仪在安装前需要在树木茎部打入生长锥用于测定木质部的深度，同时测量茎流的仪器同样也需要插入树体，故会对植物生理状况造成一定的影响。而包裹式茎流仪虽然对植株造成的伤害较小，但仅适用于直径较为小的植物。如果植物直径过大，则易在测定时产生误差。

　　同位素示踪法是利用化学元素进行标定的一种测定水分运移的现代技术措施，Thorburn 等[13] 利用标定[18]O 的水对树木进行灌溉用以探究其耗水规律，王鹏等[14] 利用氢氧稳定同位素标记用以探究夏玉米耗水规律，巩国丽等[15] 利用稳定氢氧同位素用于对白刺水分来源进行区分，高琛等[16] 利用同位素对杨树水分利用进行了研究，以上研究都取得较为理想的成果。同位素示踪法虽然非常精确，但成本及用于记录与跟踪同位素的仪器价格高昂，造成试验成本较高，使其应用受到很大的限制。

从果树耗水的研究内容上来看，国内外主要集中在时间尺度和对外部因素的研究，其主要目的是从时间序列和外部环境影响的角度系统分析果树耗水过程。

在时间尺度上，果树在生长过程中为适应环境变化，在生理上形成了一种适应机制，即果树耗水规律上有日变化、生育期变化过程。对于日变化，赵付勇等[17]对核桃树茎流速率日变化规律进行了研究，发现在一天之中，果树耗水曲线主体上呈现"单峰"或"双峰"型，即在清晨和傍晚较低，午间较高，或午间出现午休现象。Chabot 等[12]、Kigalu 等[18]所研究树种均出现类似的情况。而李会等[19]在研究夏玉米茎流日变化规律、刘浩等[20]在研究番茄植株茎流变化规律时发现较为明显的双峰曲线，而不是在峰值区域出现"上下摆动"的情况，说明果树在一定程度上对温度和水分的调节能力较强，与其他一年生作物相比，果树对植物午休现象的敏感程度低。在对生育期变化规律的研究中，王成等[21]在南疆绿洲区对滴灌红枣生育期耗水规律进行了研究，发现枣树萌芽期、新梢生长期耗水量最小，之后果树耗水量随时间的变化呈现出先增大后减小的趋势。桑玉强等[22]对华北山区核桃液流变化进行了研究、胡琼娟等[23]对核桃耗水规律进行了研究，所得结果也与王成等[21]的研究结果大致相同。

在外部因素上，植物蒸腾是植物体内水分调节的重要环节，与气象因子有着密切的关系。许多学者研究表明，影响植物耗水的主要气象因子有：太阳辐射、大气湿度、大气温度等。但由于各种树木品种、地理位置不同，致使各外部因子对其影响程度也不同，分析出主要影响因素也不完全相同。徐庆华等[24]对长白落叶松幼苗研究发现，白天蒸腾速率与空气湿度呈显著负相关，与其他气象因子相关性较弱；夜间蒸腾速率与气象因子认定为不相关。冯志文等[25]对气象因子与红富士苹果蒸腾速率之间关系进行了研究，发现影响蒸腾速率的最关键因素是太阳辐射。与此同时，部分学者发现影响植物蒸腾速率除气象因子外的主要因素还有土壤含水量：莫康乐等[26]对杨树蒸腾耗水量进行分析研究，发现影响耗水量的主要因素有净辐射、饱和水汽压差、土壤体积含水率；赵自国等[27]对土壤含水量与茎流速率关系进行分析研究，以探讨土壤含水量对耗水特性的影响，结果发现两者主体上呈现显著的非线性关系，可用半对数进行函数拟合；Irvine 等[28]对番茄茎流进行研究，发现土壤含水量是影响番茄耗水特性的主导因素。但目前对微灌成龄核桃树耗水特性的研究还较少。

1.2.2　植株冠层特性分析

冠层是植物群体地上部分的绿色覆盖层，包括植物的叶、茎、枝条、花和果实等器官[29]。植物冠层是植株与大气环境相沟通的媒介，通过冠层作用，植物可以进行一系列的生理活动，除此之外，冠层还可以揭示植株群落的演化更迭以及反映出对现存环境的适应情况等[30-32]。冠层参数（canopy parameters），例如叶面积指数、叶倾角和孔隙度，通常被用来描述植物干物质的积累情况，分析冠层的光分布，并可以用于估计作物的蒸发蒸腾量[33]。前人试验大多倾向于叶面积指数、孔隙度等基本参数的测定研究。陈继东等[34]使用 HemiView 冠层分析仪器测定人工林的叶面积指数、孔隙度，通过分析半球影像图片进而确定林分的郁闭度大小。Mason 等[35]通过直接测量法与间接测量法分别测定辐射松的叶面积指数，得到直接测量法与间接测量法显著性相关的结论。刘春伟等[36]利用 WinSCanopy 冠层分析仪测定苹果树冠层结构，分析了西北旱区苹果树的叶面积指数、孔隙度、叶倾角、叶片密度，研究苹果园的水分传输机理，并采用季节模型估算苹果耗水。马泽清等[37]分别使用 CI-110、鱼眼镜头数码相机以及胸径-叶片半表面积模型进行不同林木类型下的叶面积指数测定，其结果显示间接叶面积指数测定方法与直接叶面积测定方法在数值结果方面相关性较高，但总体而言，胸径-叶片半表面积模型测定结果最为准确，而使用鱼眼镜头的测量方法比 CI-110 冠层分析仪的测定效果好。果树冠层的基本参数不仅可以影响果树果实的生长发育，还可以影响冠层的通风透光性、太阳辐射截获情况等。郝玉梅等[38]进行洛川县的红富士苹果冠层特性分析，研究结果显示植株的不同树龄、冠层的不同修剪程度、树形整体形状的差异均会影响果树内的光照情况，并得到苹果树冠层修剪程度不同冠层的透光性不同、冠层截获辐射能也会受到影响的结论。赵伟等[39]着重研究红皮云杉人工林冠层表面与冠层内部的光能分布情况，结果发现随着太阳位置的改变，红皮云杉冠层接收光照的情况会发生变化，并且，树冠表面光分布的差异会直接导致树木形状的改变。张友胜等[40]研究了车八岭林下植物叶片的叶绿素含量、林下散射光立地系数（ISF）、叶面积指数等相互作用的关系，结果发现鳌莪叶片的叶绿素含量会随着 ISF 的增加而不断增大，研究树种的叶绿素含量会随着林冠开度的不同而发生变化。Keeling 等[41]更是将散射光立地系数（ISF）、直射光立地系数（DSF）作为森林光照环境状况的一种评定指标。

叶面积指数（leaf area index，LAI）是指单位面积上所有叶子表面积的总和[42]，是预估作物产量情况、分析植物群落生长特性、构建地球生态系统功能模型等的重要参量[43-45]。早在 1917 年，Balls W. L. 就将作物生理学纳入学科范畴，用以研究不同作物产量的动态发展变化，并以此作为农艺改良措施的评判条件之一。随着对植株生理生长特性的研究，Watson 于 1947 年提出了 LAI 的概念，之后，Monsi 和 Saeki 在结合 Beer 定律的基础上，确定了影响 LAI 计算的重要参数——消光系数[46]。随着理论知识的不断深入与科研技术的不断提升，作为深刻影响冠层光照入射、植株同化作用与蒸腾作用进行的 LAI[47]，其测定方法不断趋于完善。LAI 的测定方法主要划分为两种类型：直接测量法与间接测量法（间接测量法包括空间测量法和地面测量法等）[48-52]。通常来讲，直接测量方法带有破坏性质并通常应用于一年生植物。在这种测量方法中，大田作物的叶面积分布比行作树木的分布均匀，但当测定大面积植物群落时，直接测量法较难实施，且存在花费昂贵以及使用不便等问题。间接测量法是依据穿过植株的光照辐射原理进行 LAI 测定，并且此种对植物无伤害的测量方法发展迅速，测定植物的种类范围也不断扩大。

1.2.3 果树灌水技术与灌溉制度研究

灌水技术是指把渠道（管道）中的水分配到田间并对作物进行灌溉的一种技术措施，其常用的灌水技术主要有三种，分别为喷灌、滴灌、地面灌溉。喷灌始于 19 世纪末，于 20 世纪 70 年代左右传入我国，其原理是通过压力管道将水从特制的喷头喷出，并使之成为细小的雨雾均匀地洒落下去湿润植物体表、土地表面，用以供给植物所必需的水分[53]，其水分利用效率较高，具有显著的经济效益和社会效益[54,55]，并受到国内外学者的广泛关注。滴灌是一种局部灌溉技术，通过封闭管道将水运输到孔口或滴头并送至作物根部，由于其大大减少了土地湿润面积，故节水效果显著[56]，同样受到国内外学者的广泛关注[57-59]。地面灌溉是我国一种传统的灌溉方式，虽然投资较少，但用水量过大，易引起严重的水、肥流失，同时也有可能造成地下水污染[60,61]。

由于喷灌、滴灌具有良好的经济和社会效益与发展前景，因此学者们对喷灌、滴灌进行了大量研究。杨启良等[62]在常用滴灌的前提下，扩展了应用方式，并分析了交替滴灌、根区两侧交替滴灌、固定滴灌对苹果幼树生长的影响，其结果表明三种特殊的滴灌应用方式对苹果幼树的生长发育均有显著影响；其中交替滴灌节水效果最为显著，比常规滴灌节水比例高约 50%，但会对部分生理指标造成一定影响。赵智等[63]在库尔勒地区对地表滴灌、地下滴灌、微喷灌进行研究，用以探究不同灌水技术对香梨生长情况的影响，与传统灌水技术相比，三种节水灌溉技术均能在很大程度上节约灌水量，提高水分利用效率，促进根系的生长发育，并对香梨果实的体积、品质等影响程度较小，基本可以忽略。饶晓娟等[64]利用滴灌、喷灌、沟灌对红枣进行灌溉，发现总体上三种灌水技术均能提高产量，且在一定基础上提高灌水量时均能再次促进果树的生长和产量；但在不同的灌水技术下，滴灌的枣吊长度、枣吊数量、单个枣吊蕾（花数）等较其他灌水技术提升程度最大，且差异较为显著。李巧珍等[65]对微喷灌、滴灌、管灌进行了对比研究，认为三种灌溉方式对土壤含水率的影响差异显著。其中微喷灌、滴灌在 0～60cm 土层时含水率较高，且灌水入渗深度在 80cm 以内；

管灌的入渗深度较大，达到了 120cm。在整个生育期中，三种灌水方式节水效果显著，其中滴灌耗水量为最小。陈静、Zotarelli 等[66-68]通过对滴灌技术与肥料进行研究，发现滴灌能显著提高氮肥的利用率，但对磷肥的影响效果较差。

在对灌水技术研究的同时，部分学者把目光转移到了另外一个农田灌溉研究重点——灌溉制度，并对其进行了大量试验研究。李昭楠等[69]在西北干旱区特定条件下进行覆膜与不覆膜情况下的葡萄滴灌灌水试验，进而制定更为完善的灌水制度，结果证实葡萄全生育灌水 12 次、灌水量 240mm 可以明显提高葡萄的最终产量。董平国等[70]通过田间试验研究了不同灌溉水量、灌溉频率对玉米生长指标、耗水特性、土壤水分特征的影响，研究结果表明灌水频率主要影响玉米产量及产量构成因素，且灌水频率越大，提升产量效果越好；但灌水频率过大时，对产量提升效果不显著，造成灌溉不经济。

随着计算机模拟的迅猛发展，部分学者开始应用计算机对灌溉制度进行优化，得到了许多经典的模型[71-73]。冯绍元等[74]、Singh 等[75]、Sarwar 等[76]基于田间实测资料，对 SWAP 模型参数进行修正，得出适宜当地的 SWAP 模型；通过该模型对当地作物灌溉制度进行优化，拟定出适宜的灌溉制度。张志宇等[77]运用粒子群优化算法、改进分组非支配排序遗传算法等构建水分生产函数模型，并对冬小麦及夏玉米不同灌水日期和灌水量进行分析模拟，最终得出当全年总灌水量为 472mm 时最佳的优化方案。王文佳等[78]利用关中地区近 30 年冬小麦生长及气象资料对 CROPWAT - DSSAT 进行模拟校核，并通过 CROPWAT - DSSAT 模型模拟了不同气象条件和灌溉制度下作物生长及产量的变化趋势，以确定在不同气象条件下的最优灌溉制度。霍军军等[79]通过水量平衡方程、作物水分生产函数 Jensen 模型、遗传算法等，进行作物产量的估算与灌溉制度的优化。付强等[80]通过模糊数学与灰色评判法相结合并添加人为干扰，利用实码加速遗传算法构建出新模型，并用于各灌溉制度的分类、评价、优化。王斌等[81]在前人模型构建的基础上提出了一种新的优化算法——自由搜索，并与其他优化算法进行了对比评价。姚鹏亮等[82]进行干旱区枣树根区土壤水分模拟，在校验 HYDRUS 软件模拟结果可行的基础上，利用 HYDRUS 优化滴灌枣树全生育的灌溉制度。

1.3　果树茎流研究现状

茎流是树干中植物蒸腾作用使其体内水分上移的运动。植物所吸收的水分中 99% 以上被植物蒸腾散失流入到大气中[83]。如果可以精准测定植物茎流量，那植物的蒸腾量就基本上能够确定。测定植物的茎流在节水灌溉上具有重要的意义，在植物耗水上能够推算出耗水规律。在科学研究上，茎流测定是一种能够在野外或田间直接获得植物蒸腾的一种测量方法。茎流与土壤水分相比更加适用于研究植物耗水以及生理状态。

热技术是较为精确测定植物茎流量的方法，把探测仪器安装在树干茎部上，探测仪器精致小巧，不会对树的生理活动造成伤害，同时装上的探测仪器能够连续不间断监测树干的茎流量。随着计算机技术不断扩展应用于试验仪器开发，自动化进行数据采集以及运算系统不断更新，测定茎流的方法不断更新。目前热技术研究中国内外有了以下几种方法。

1. 热脉冲法

根据安装在树干上热脉冲探针发射脉冲，以及在其上方的热敏探针 T_1 感应到的液流温度峰值，从而确定出热脉冲的峰值。在试验中为了减小环境中的温度影响，在树干热脉冲探针下方影响不到的位置再安装一根热敏探针 T_2，通过温差值（$T_1 - T_2$）确定植物茎流速度。可以通过式（1.1）进行计算热脉冲速率：

$$v = \frac{X_d - X_u}{2t_e} \tag{1.1}$$

式中：v 为热脉冲速率，mm/s；X_d 为热脉冲探针与 T_1 探针的距离，mm；X_u 为热脉冲探针与 T_2 探针的距离，mm；t_e 为两热敏探针出现温差峰值时作用的时间，s。

在国内外有较多学者使用热脉冲技术做了较多的研究。刘奉觉等[84]研究了杨树的茎流规律，李海涛等[85]研究了五角枫和棘皮桦树的茎流动态。1996 年，刘发民等[86]应用热脉冲技术研究了松树树干的茎流变化，同时使用树干液流估算松树的蒸腾耗水量。高岩等[87]研究了小美旱杨树干中的茎流速度。2005 年，白云岗等[88]对胡杨的茎流进行了研究。

2. 热扩散探针测定法（TDP 法）

热扩散探针测定法的设备是采用两根探针传感器，一根加热探针同时能够感温，安装在另外一根感温探针上方，采用两探针之间的温差得到树干液流的速率。速率越大，温差就越小。该方法可以随着所测定树干大小，安装一组或多组探针传感器。这种测量方法在大环境中影响较小，精准度高，在科学研究中得到较多学者的认可。

3. 热平衡法

目前热平衡法有树干茎流平衡法和热平衡法两种。根据的原理是热量平衡，给电加热元件通稳定持久电流，根据树干中液流运动产生的热量差进行计算树干茎流量。

（1）茎流平衡法。茎流平衡法设备为包裹式探头，探头内部有感应器和加热器，在绝热密封的包裹纸内分别安装三组茎流探头，然后根据直径大小包裹在相应大小的树干上。树干表皮要与包裹探针紧密接触，外层再包裹上反射膜和隔热膜，防止外界环境对仪器影响。

（2）树干热平衡法。树干热平衡法也称 Cermak 法，该方法原理与茎流平衡法相同，只是热平衡法的探针需要插进树干内部。为了让温差值保持恒定，测量中加热的功率可以是可变功率或恒定功率。计算信号转换成数据通过公式换算直接得到茎流速率。这种方法对于大直径树干适用，且误差小、精度高。

1.3.1　果树生理生态指标研究

植物叶片是反映植物体内水分状况最为敏感的器官，叶温、叶水势、叶绿素和细胞液浓度均能及时、灵敏地反映出植物体内的水分状况。

叶水势可以直接体现作物水分状况[89]，同样也是体现植物水分亏缺的一个重要指标[90]，故国内外众多学者对此都进行了研究。Kramer 等[91]对植物水势进行研究，认为叶水势是植物受旱情况的最佳判别标准，可以作为作物水分亏缺程度的诊断指标之一。张清林等[92]在阿克苏地区对滴灌条件下核桃树叶水势的研究得出，核桃树叶水势日变化呈两边高中间低的单峰曲线。马艳荣等[93]基于蓄水坑灌溉模式对苹果树叶水势进行了测定研究，同时分析了土壤含水量和气象因子对叶水势的影响，总结出日变化趋势呈现单峰曲线形式，蓄水坑灌溉下叶水势变化趋势与常规灌溉大致相同，但其叶水势明显高于常规灌溉，同时非充分灌溉下叶水势同样高于充分灌溉，说明蓄水坑灌具有保水抗旱等优势。邓春娟等[94]利用抗蒸腾剂对刺槐、核桃进行处理，探究叶水势日变化趋势，结果表明，叶水势总体上变化趋势同样呈现单峰曲线形式，但随着抗蒸腾剂用量的增加，叶水势变化幅度减少的趋势逐渐明显。

叶绿素是植物进行光合作用的物质基础[95]，是影响作物产量的重要因子之一。同时由于叶片上的叶绿素含量可以直接影响光合速率，也可作为集光色素，直接反映植物的生理性状[96,97]。对叶绿素进行长时间监测和研究，有助于了解植物体内物质运移与能量转化，对提高作物产量具有重要意义。孙守文等[98]对干旱区红富士苹果的研究发现，功能叶的光合作用能力强于新叶。吕芳德等[99]通过在水分胁迫对美国山核桃叶绿素荧光各项参数的分析，发现水分胁迫对植物光合作用的影响是多方面的，即在影响光、暗反应的同时，也影响相关酶的活性等。郑坤等[100]对核桃叶片叶绿素含量变化进行分析，发现核桃叶片在生育初期数值较低，但随着时间的推移，其数值快速增加，直至趋于平缓。樊金拴等[101]研究发现，对果树进行修剪处理，将会对果树叶绿素含量产生影响，且修剪越多，叶绿素含量提升越高。

细胞液浓度是指植物细胞中原生质内糖分与各种有机酸所占的百分比，是一种常用的生理指标[102]。细胞液浓度与作物体内含水量有关，作物体内含水量越大，细胞液浓度越低；作物体内含水量越小，细胞液浓度就越高，因此可作为灌溉指标使用[103]。郑健等[104]基于温室小型西瓜对不同灌水条件下细胞液浓度进行分析，发现各灌水条件下细胞液浓度变化规律类似，皆呈现两边低、中间高的单峰曲线。早上叶片含水量较高，细胞液浓度较低。当温度逐渐上升、叶片气孔渐渐张开、蒸腾速率上升，细胞液浓度迅速增加。到 12：00—14：00 时，浓度达到最大值。随后细胞液浓度随温度的下降逐渐降低。对比各不同灌水处理，发现细胞液浓度随灌水量的增加而减少。说明灌水量严重影响细胞液浓度。刘战东等[105]研究了不同土壤水分处理对冬小麦生理生化特性的影响，发现当土壤水分较高时，冬小麦体内含水量越高，细胞液浓度就越低；土壤水分较低时，冬小麦水分亏缺越严重，细胞液浓度就越高；土壤含水量与细胞液浓度呈现幂函数关系。

温度变化是影响植物生理、生化的重要指标，因此研究叶温、地温的变化具有重要意义[106,107]。对于叶温，大量研究表明其变化规律与水分蒸发、CO_2 浓度等显著相关，同时也与气象因素密切相关。刘明虎等[108]利用热及物质交换原理，在单叶尺度上建立叶温与水汽蒸腾模型。彭辉等[109]对干热河谷 4 个树种叶温与蒸腾速率关系进行研究，发现 4 个树种在旱季时叶温大部分高于气温，其原因为旱季气温和光强较高致使气孔出现闭合，蒸腾受到严重抑制，导致叶温持续升高，最终植物叶片失水严重。在雨季时，叶温大部分低于气温，其原因为植物发生蒸腾作用，使叶片温度降低，造成叶温低于气温。吴强等[110]通过对叶温、气温、空气相对湿度、光合有效辐射、蒸腾速率、气孔导度和叶水势之间关系进行研究，发现叶温与气温具有相同的变化趋势，但叶温存在滞后性。气温的变化直接影响到叶温，同时空气湿度与有效辐射也会通过气温间接影响叶温的变化。Chauham 等[111]对水稻进行研究，发现在土壤水分胁迫下，土壤含水量会对叶温造成影响，当土壤水势降低时，叶温将会升高。对于地温的研究表明，影响地温的主要因素为土壤水分，土壤水分可以直接影响土体内部热通量的储存与传递[112]，且当含水率低时地温高，含水率高时地温低。而作物生长同时需要保温，也需要保墒，这与正常地温和土壤含水量的相关规律相悖，因此国内外众多学者提出了许多方法用以改善相关规律，使土壤既能够保温，也能够保墒[113]。张少良等[114]、Azooz 等[115]发现减少地面累积反射强度会提高地温，因此通过对比免耕、少耕、旋松对地面累积反射强度的影响来探究与地温之间的关系。试验结果表明，免耕反射强度较大；少耕、旋松反射强度较小。因此，免耕土地容易出现"低温效果"，不利于提高作物的出苗率。陈玉华等[116]通过地膜覆盖及施用有机肥来提升地温，经过研究发现：地膜覆盖可以显著提高地温，施用有机肥可以提高土壤最低温，降低土壤最高温，有效减少温度差，对作物生长有积极的影响因素；同时土壤温度较高，可以加速有机肥的分解，促进作物吸收养肥，有利于作物生长。

1.3.2　果树光合特性研究

光合作用是植物通过化学反应，将太阳能转化为化学能，形成干物质的过程，其体内干物质90%以上来自叶片的光合产物[117]。目前，国内外学者对光合作用的研究主要侧重于光合速率的日变化情况、灌水技术对光合作用的影响、外部因子对光合作用的影响。

对于光合速率的日变化情况，部分学者研究成果认为其变化曲线呈单峰型，如万素梅等[118]研究苜蓿，谢田玲等[119]研究4种豆科牧草，蔡永萍等[120]研究霍山石斛叶片，张治安等[121]研究菰叶片光合速率日变化情况均呈现单峰型曲线。而部分学者研究成果却认为其变化曲线呈现双峰型，如孙桂丽等[122]研究香梨，于文颖等[123]研究玉米、刘群龙等[124]研究翅果油树、童贯和[125]研究小麦的光合速率日变化情况皆呈现双峰型曲线。对出现上述两种情况进行分析，认为光合速率的日变化情况整体上应呈现双峰型曲线，而出现双峰型曲线的原因是植物的午休现象[126-128]。在夜间时温度较低且无光照，光合速率为0。但随着太阳的升起，温度与光强逐渐升高，致使光合速率逐渐变大。但到正午时由于出现植物午休现象，光合速率会出现一个低谷，这就是产生双峰型曲线的原因。关于植物午休现象的原因，多数学者认为是由于正午时持续的高光强、高温、低湿等，导致叶片内水分大量蒸发，造成水分代谢失调，影响光合作用，最终出现了植物"午休"现象[129]。同时，部分学者也认为植物"午休"现象也与强光胁迫有关[130]。

对于灌水技术的研究主要体现在灌水技术对光合作用的影响。例如王霄等[131]对比了漫灌与滴灌模式下枣树净光合速率的变化情况，发现总体上两者变化规律相同，但由于滴灌水量相对较少，致使水分因素对光合作用的影响因素程度加深，造成由于水分不足，而引起在强光条件下气孔提前关闭。而由于漫灌水量相对充足，致使水分因素对光合作用影响变为不显著。而王真真等[128]对比了坐果期井式灌溉、地表滴灌、漫灌条件下枣树的光合特性，所得结论也与之类似。丁红等[132]、Puangbut等[133]、吕廷良等[134]对光合生理特性进行研究，发现不同水分胁迫会对叶绿素产生影响；在轻度水分胁迫下，叶绿素含量略有上升；在中度、重度水分胁迫下叶绿素含量显著下降。经过分析认为：在轻度水分胁迫下，作物发生自适应性调节，使叶绿素含量提升。但当水分胁迫较为严重时，作物自适应调节能力不足，且水分严重不足，造成叶绿素含量将显著下降。潘丽萍等[135]对分根交替灌水、分根固定灌水进行研究，发现在相同情况下分根交替灌水可以显著降低气孔导度，却对光合作用基本无影响。植物的光合作用是与外部环境紧密相关，其中光强、温度、肥料、水分、气体成分等对光合作用为主要影响因素。

刘柿良等[136]探究了不同光强对树木光合特性的影响，发现在一定光强范围内，当光强增加时，树木叶片中的各种光合色素、酶的活性均有提高；但当光强过大时，会发生光抑制现象，这是因为过量的光能会对植物造成损伤，植物出于自我保护机制，减少了对光强的利用效率[137,138]。王建林等[139]、常宗强等[140]先后对光强与光合速率进行研究，发现光强与光合速率遵循 Michaelis - Menten 模型。郑伟等[141]发现当光强单独作用时，对光合速率影响程度较小，光强与 CO_2 有着显著的交互作用，两者共同作用时能显著提高光合速率。

Berry 等[142]研究认为高温对植物生理过程中光合作用的影响最为敏感。在高温环境下会使光合作用中大部分酶活性下降或者丧失[143-145]，最终导致光合作用强度下降。曾乃燕等[146]的研究证明，低温同样也对光合作用产生强烈的影响。当温度过低时，将会对光合膜色素与蛋白水平产生严重的影响。同时部分研究也表明低温同样可以使叶绿素合成受到抑制，并破坏与光合作用相关酶的活性[147,148]。

吴楚等[149-151]对氮、磷元素与光合作用之间的关联进行了一系列研究，发现氮、磷元素均对光合作用影响显著。申明等[152]对叶面施加叶面肥，发现光合速率和叶绿素含量显著提升，分析认为，叶面肥可以提高 PSII 反映中的相关活性，并减少能量散失。

王建林等[153]对 8 种作物进行研究，发现提高 CO_2 浓度会提高光合速率，降低蒸腾速率，提高水分利用效率，但当 CO_2 浓度突然下降到正常时，光合强度比正常情况下要弱，说明 CO_2 浓度提高时会出现光合"下调"现象，引起该现象的可能原因是相关酶的活性下降所导致。李清明等[154]的研究表明：在轻、中度干旱胁迫下，CO_2 浓度增加可显著提高光合速率，但在重度干旱胁迫下，CO_2 浓度增加对提升光合速率程度较弱。分析原因认为，植物在轻、中度干旱胁迫下，影响光合速率的因素仅为气孔开度；但在重度干旱胁迫下，影响光合速率的因素为气孔开度和非气孔因素。郝兴宇等[155]对不同生育阶段下提高 CO_2 浓度对光合速率的影响进行了研究，结果表明提高 CO_2 浓度对光合速率、水分利用效率显著，蒸腾速率下降严重。说明提升 CO_2 浓度后在增加光合强度的同时，也会促使作物对水分需求增加。

王铁良等[156]通过对树莓光合特性的研究发现，在土壤水分适宜时使用适量肥料，有助于光合速率的提高，且施肥量会影响叶片的蒸腾速率等，在肥料适宜时，提高土壤水分含量则有助于光合速率的提高。王颖等[157]利用不同水分处理对梨枣树花期光合特性进行研究，结果表明各灌水处理光合速率的变化趋势总体上相同，但并不是灌水量越多，光合速率越大。王文明等[158]利用磁化水对枣树进行滴灌研究发现，磁化水显著影响光合速率，同时对气孔导度、蒸腾速率影响程度也较大。但目前对微灌成龄核桃树光合特性的研究较少。

Baryosef[159]通过试验得到滴水、施肥条件下土壤水、N元素和P元素分布规律，并在滴灌灌水方式下得到了土壤剖面中矿质元素浓度和根系吸收矿质元素速率的关系。Ertek等[160]对膜间和无膜滴灌条件下灌水频率对土壤剖面水分扩散的影响进行了研究，表明在相同的土壤剖面水分含量和滴头大小条件下，灌水周期为7d时水分水平运动比灌水周期为1d时大，灌水量大的处理较灌水量少的处理滴头附近积水区域大。Feigin等[161]在滴灌条件下对芹菜进行的试验研究表明，灌水量与氮元素吸收量无正相关关系，但与硝态氮累积量有负相关关系。Bristow等[162]应用Simunek、HYDRUS-2D模拟得出在沙土中从滴头处开始水分和溶质容易向下运动，当滴头埋藏较深时，土壤内的水分和溶质向上运移较少且灌水无法湿润表层的土壤。在灌水初施入养分，可以有效地避免产生养分淋溶。Miller等[163]提出了滴灌施肥条件下水分和养分迁移的数学模型。Gardenas等[164]模拟了不同滴灌施肥条件下土壤剖面内的硝态氮的迁移情况，表明在灌水和施肥适度的条件下，土壤水分和养分供应能有效地促进作物对水分和养分的吸收，避免了土壤中养分的累积。

王全九等[165]指出地表积水的形成会导致灌水的入渗边界扩大，在一定的灌水量条件下，水分的垂直入渗距离减小，与土壤水分相对，土壤盐分运移特征不是那么规则。张学军等[166]认为，施用氮肥可以提高根系的抗旱性，改善土壤剖面水分含量的分布。蔡焕杰等[167]对田间不同毛管布设方式下膜下滴灌棉花的试验研究指出，在灌水初期由于灌水强度大于土壤水分的入渗能力，会在滴头周围形成一定的水分积累区，使得水分的水平运动距离远远大于垂直入渗距离。李久生等[168]研究了点源施肥灌溉条件下土壤剖面氮素的分布规律，表明在水平距滴头17.5cm范围内的土层内硝态氮呈均匀分布，与施肥量存在着显著的正相关关系，在湿润区域内氮素产生了累积，施氮量是影响土层氮素分布的主要因子。习金根等[169]研究了不同水肥供给环境下氮素在土壤剖面中运移的规律。在淋溶的氮素形态中，淋失程度表现为：尿素态氮＞硝态氮＞铵态氮。李明思等[170]研究表明，滴灌滴头流量对土层湿润体的形状和面积的大小均有影响，对土体湿润区域的湿润水平距离的影响比对其垂直入渗深度的影响大。对于黏性土壤，随滴头流量增加，湿润锋水平扩散速率增加、湿润入渗速率减小。

1.3.3　根系吸水模型研究

根系是影响植物体内水分流动，控制植物吸收土壤水分供给植物的生长发育等生理活动的重要器官。由于根系吸水受土壤参数、植物参数及其大量相关机理的影响，故常规分析构建方法较为烦琐，因此提出了根系吸水模型作为突破口。而现有的植物根系吸水模型大致可分为微观模型与宏观模型。

微观模型主要从单根吸水的机理出发，侧重于微观情况下对根系吸水的机理与特性研究，因此对单棵或小范围植物根系吸水模拟有着较好的应用效果[171-173]。但由于所需参数过多、计算机理较为复杂，致使对大范围植物覆盖区域应用较为困难，故发展进展较为缓慢。

宏观模型主要以整片地区植物的根系作物为研究对象，通过对该片地区植物的根长、根重、根密度等相关组成部分作为其影响参数，将单根吸水过程扩展引申为一整片植物的根系吸水过程，从而减少计算量、扩大适用范围，使之更加便于实际应用。故宏观模型得到迅速发展，并推出了 Molz - Remson、Feddes 等一些较为经典的模型[174,175]。

随着对根系吸水过程的机理的深入研究以及计算机模拟的介入，发现所建立的根系吸水模型需要更为细致的描述[176,177]。故现在的研究方向主要侧重于补充并简化以前所忽略的相关影响参数，并根据诸多影响参数，重新建立更为完善的植物根系吸水模型。同时改进经典模型，并因地制宜，分析各种模型的最适宜地区等。如冯起等[178]对极端干旱区的胡杨根系及其分布与根区土壤水分之间的关系进行了细致的研究，基于分形理论和概率统计学的方法，同时加入土壤含水率期望的相关参数，构建出相应的根系吸水模型，并与实测资料进行对比，发现模拟结果较好。白文明等[179]在内蒙古瞪口县试验站对紫花苜蓿进行根系吸水速率和蒸腾强度等相关参数进行研究，通过对作物根系吸水进行定量研究，构建了干旱沙区紫花苜蓿根系吸水模型，并与实测资料对比，发现模拟效果较好。乔冬梅等[180]在盐渍化地区采用有限差分法、人工神经网络技术等计算机程序对根系吸水模型构建，最终得出模拟程度具有较高精度的向日葵根系吸水模型。虎胆·吐马尔白等[181]应用 Feddes 模型对膜下滴灌棉花根系吸水进行模拟，结果表明 Feddes 模型在干旱地区对棉花根系的应用效果良好。罗毅等[182]利用大型蒸渗仪、中子水分仪等现代高精度仪器测定构建根系吸水模型的相关参数，对常用宏观模型进行验证、改进与评价，从而得出各常用宏观模型的适用情况以及禹城试验站适宜的植物根系吸水模型。但目前对微灌成龄核桃树根系分布的研究还较少。

1.3.4　根区土壤水分模拟研究

Amin 等[183]通过使用 HYDRUS 来研究两块试验区 50 天的泥浆入渗情况，证明泥浆中的可溶解有机碳可以促进污染物的运输，且随着土壤注入泥浆的入渗，土壤上表层的污物也有随之进行入渗的潜在危险。Deb 等[184]模拟了传统沟灌施肥条件下，硝酸盐在洋葱根区的分布情况，结果证实在洋葱根区，硝酸盐浓度保持在较高水平，且根区存在硝酸盐积累情况。试验最终指出，在洋葱最初生育期的鳞茎形成阶段应进行大量滴灌施肥，以此来保证根区的最大硝酸盐积累和减小潜在硝酸盐浸出。Deb 等[185]使用 HYDRUS 模拟果园上核桃在均质土壤漫灌下存在根系补偿与未补偿下的土壤水分动态变化，得出在核桃生育时期，考虑根系补偿效益可以增加实际蒸腾量 8%，增加蒸发量 5%，增加排水量 50%。

El-Nesr 等[186]模拟了存在双层地下滴灌与物理障碍设置下的水流、溶质运移情况，结果发现双层地下滴灌可以有效增大根系区水流的分布范围，并且此种灌水方式可以有效限制溶质的下渗产生。Han M 等[187]使用 HYDRUS-1D 和作物生长模型有效模拟了地下水在棉花生育期的作用影响以及根区水量平衡，指出地下水是棉花生育期的有效供水方式，在地下水埋深为 1.84m 的条件下，来自地下的毛管水提供了作物所需蒸腾总量 23%左右的水分。Imran 等[188]评估了不同灌水制度下钾肥施入对小麦蒸发蒸腾量和产量的影响，同 K_2O 施入量为 0 相比，在 K_2O 施入 $300kg/hm^2$ 的情况下小麦产量和土壤水分利用效率显著提升 23.4%和 15.0%。Šimůnek J. 等[189]研究了沟灌不同施肥处理对植物的影响和根区溶质运移、深层渗漏、溶质浸出现象，发现在当肥料施用与灌水周期末尾时土壤剖面存在少量溶质浸出现象，在交替沟灌灌水下，蒸腾量和产量会发生下降。

Wang Z 等[190]模拟了西北干旱区覆膜棉花滴灌下的土壤水分运移，数值模拟结果证实，覆膜滴灌条件下，棉花在生长期使用淡水或微咸水灌溉，或者在漫灌条件下在成熟期使用淡水灌溉最终均不会导致土壤盐渍化。Phogat 等[191]在实验室模型渠道中试验了不同渠道水力学参数下，检验分析模型在距离实验室渠道模型水平距离 0.25m、1.00m 和 1.30m 下的渗流速率、渗流流量和护堤高度，试验证明模型可以预测灌溉渠道在水面作用下的田间渗漏和水流入渗情况。Phogat 等[192]使用 HYDRUS-2D 模拟间断和持续滴灌条件下扁桃树在 33d 的水流和盐分的分布状况，试验验证 HYDRUS-2D 可以成功模拟土壤湿润区和水流区域的土壤含水量变化和水盐运移。Šimůnek 等[193]论述了 HYDRUS 中不同空间和时间离散点的剖分方法。

Phogat 等[194]模拟了土壤中埋设蒸渗仪的橘子树在 29 天时段土壤水和氮的变化情况，试验证明 50%或 75%的 ET_c 可以有效提高氮的利用率，同时，在布置蒸渗仪情况下橘子树水分和肥料供给能够合理得到调控。Phogat 等[195]在砂箱中填充肥沃土壤模拟渠道河床的入渗和水面上升情况，得出开放排水应该应用于存在含盐地下蓄水层和不存在水流回退现象的灌溉区域。李久生等[196]研究了滴灌条件下水分和氮的运移，经过实测值与模拟值的分析对比得出 HYDRUS 软件可以用于实际试验研究，模型模拟效果较好。马军花等[197]使用 HYDRUS-1D 模拟夏玉米生育期水分和硝态氮的动态变化，并将矿化参数和水力学参数纳入试验研究。王伟等[198]模拟滴灌灌水情况下棉花苗期的水盐运移情况，结果表明 HYDRUS - 2D 模拟结果精度达到试验要求,在总体灌水量相同的条件下,低频灌溉可以有效减少土壤中的盐分积累。但目前利用 HYDRUS - 2D 模拟微灌成龄核桃树根区土壤水分分布的研究未见报道。

1.4　存在的问题

综上所述,国内外学者对果树微灌技术及灌溉制度进行了大量的研究,微灌技术自 2005 年以来,逐渐在新疆主要特色果树——红枣上推广应用,果树微灌灌水技术多套用棉花膜下滴灌的成功经验,但由于果树属于多年生乔木,灌水技术势必随着树龄的增加而发生变化,很多果树从以前的地面灌直接过渡到微灌,由于灌水技术改变产生了果树抗逆性下降等问题。国内外学者采用盆栽或小区试验对幼龄果树的微灌技术开展了较多的研究,有关成龄果树,特别是新疆绿洲干旱区微灌成龄核桃树全生育期内耗水特性、灌水技术及灌溉制度等研究尚未见报道。

1.5　研　究　内　容

(1) 微灌核桃树的耗水特性。通过对不同灌水技术和灌水定额下核桃树各生育期蒸腾量和株间蒸发量等指标的动态监测,分析核桃树各生育期根区土壤水分消耗,根据水量平衡原理,确定核桃树不同生育期的阶段耗水量,进而推求其耗水模数和作物系数。

(2) 微灌核桃树树干茎流速率特征的变化规律。通过不同灌水定额以及不同灌水方式处理,研究在不同灌水处理下核桃树树干茎流速率日变化、生育期内变化规律以及与气象因子之间的关系;研究在不同年际间茎流速率变化特征以及年际间核桃树蒸腾耗水量的变化规律。

(3) 微灌核桃树的生理特性研究。测定不同灌水技术和灌水定额下,核桃树不同生育期叶温、细胞液浓度、叶绿素含量、叶水势、光合特性、地温等生理指标,分析各生理指标与灌水技术和灌水定额之间的响应关系,揭示核桃树应用微灌技术的增产机理。

(4) 水肥耦合对微灌核桃树根区土壤剖面硝态氮和核桃树光合作用的影响。通过测定不同生育期核桃树土壤剖面硝态氮含量,分析核桃树生育期内硝态氮含量与水肥供应之间的关系,阐明不同水肥处理下土壤硝态氮含量的变化规律;研究水肥耦合对核桃树光合特性因子的影响,分析不同水肥条件下核桃树光合因子的变化,确定核桃树光合作用与水肥耦合之间的关系。

(5) 不同灌水定额对微灌核桃树冠层参数的影响。试验设置不同的灌水定额处理组，通过对比不同灌水定额影响下冠层参数的变化，结合最终核桃果实的产量，探讨不同冠层参数对产量的影响，筛选出最佳的灌水定额处理组。深入研究不同年份核桃树叶面积指数的变化，进而评估核桃树的综合长势情况。

（6）微灌核桃树灌水技术筛选及灌溉制度制定。依据核桃树各生育期耗水特性及生理指标的研究，分析不同灌水技术和灌水定额对核桃产量、水分利用效率及品质的影响，综合产量和水分利用效率两个指标，筛选满足核桃树需水要求的微灌技术，制定节水增产的灌溉制度。

（7）微灌核桃树根系的分布特征。通过"挖掘法"分析微灌和地面灌条件下成龄桃树根系的空间分布，探明微灌和地面灌下核桃树有效吸水根系的主要分布区域，建立核桃树有效根长密度分布函数，从根系形态角度揭示核桃微灌技术节水的内在机制。

（8）微灌核桃树根区土壤水分的动态模拟。运用 HYDRUS – 2D 模型，模拟微灌条件下核桃根区土壤水分分布，依据实测土壤水分数据对模拟结果进行验证，并在此基础上对不同灌水定额下根区土壤水分的二维入渗特性进行了模拟，进而对微灌灌溉制度进行优化。

1.6　研究方法与技术路线

1.6.1　研究方法

根据研究内容，通过实地调研，选择环塔里木地区特色林果中效益好、规模大的"温185"薄皮核桃作为研究树种，以核桃主要种植区——阿克苏为代表区，在阿克苏地区温宿县木本粮油林场三队和阿克苏红旗坡农场新疆农业大学林果试验基地建立了试验田。采用试验研究、理论分析和数值模拟相结合的研究方法，立足于大田试验，充分吸收农田水利学、土壤水动力学、植物生理学和果树栽培学等学科的最新研究成果，紧密结合生产实际，开展成龄核桃树微灌技术研究。

（1）大田试验。依据《灌溉试验规范》（SL 13—2004）的相关规定，布置灌水定额和灌水技术及对照（地面灌）的灌溉试验。应用 Watchdog 自动气象站、TRIME – IPH 时域反射仪等对气象资料、土壤水分、蒸腾速率等参数进行动态监测；应用 Model 600 测定核桃树叶片的叶水势；应用 LI – 6400 测定了核桃树叶片的光合特性指标。

（2）理论分析及数值模拟。基于大田试验获得的数据，应用水量平衡、数理统计等方法分析微灌条件下成龄核桃树耗水特性；利用 HYDRUS – 2D 软件对根区土壤水分动态进行数值模拟，并在此基础上优化微灌灌溉制度，确定高产优质的微灌灌水技术。

1.6.2　技术路线

本书重点研究微灌条件下成龄核桃树耗水规律及灌溉制度，通过不同灌水定额和灌水技术条件下根区土壤水分动态、气象因子、生理及产量品质指标的同步监测，利用 HYDRUS－2D 软件模拟根区土壤水分动态并优化微灌灌溉制度，筛选出节水高产的微灌灌水技术。总的技术路线如图 1.1 所示。

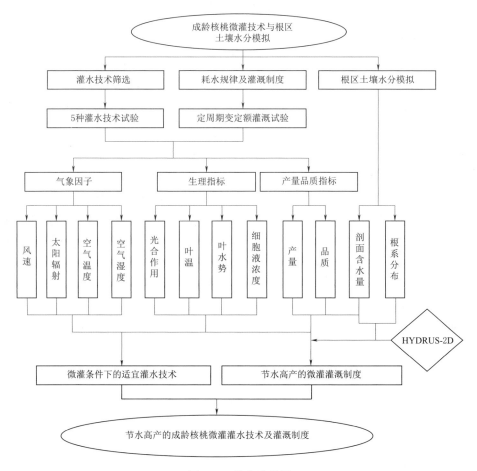

图 1.1　技术路线图

第2章 试验区概况与试验设计

2.1 幼龄核桃树试验区

2.1.1 试验区概况

试验区位于新疆阿克苏地区红旗坡新疆农业大学林果试验基地（东经 80°14′，北纬 41°16′，海拔 1133m）。该基地地处天山中段的托木尔峰南麓，塔里木盆地北缘，属于典型的温带大陆性气候，年平均太阳总辐射量 5671.36W/m²，多年平均年日照时数 2911h，无霜期达 212d，多年平均降水量 68.4mm，多年平均气温 11.2℃，最高日温度高达 40.9℃，极端低温达到−27.4℃。供试果树为 6 年生核桃树，品种为"温 185"。试验区内，果树沿西南、东北方向布置，株行距为 2m×3m，土地平整度较好，核桃种植周边无明显遮蔽物遮盖。

在试验区分层选取大田土样，并按照美国农业部土壤质地三角形进行土壤颗粒划分，土壤质地组成见表 2.1。基于试验后期模型构建，并根据土壤质地分析结果，将该研究区土层划分为 3 层，其中，0～20cm（粉砂壤土）为一层，40～60cm（壤砂土）为一层，60～120cm（细砂）为最后一层。

表 2.1 试验区土壤质地组成

土层 /cm	容重 /(g/cm³)	土壤粒径比例/%				土壤类型
		<0.002mm	0.002～0.05mm	0.05～2mm	>2mm	
0～20	1.38	7.0	56.5	36.5	0	粉砂壤土
20～40	1.42	7.2	67.9	24.9	0	粉砂壤土
40～60	1.40	2.9	15.8	81.3	0	壤砂土
60～80	1.38	0.1	1.70	98.2	0	细砂
80～100	1.35	0.2	8.0	91.8	0	细砂
100～120	1.43	0.7	12.0	87.3	0	细砂

2.1.2 试验设计

试验设置了滴灌灌水定额 15mm、30mm、45mm 三个处理，对照为 30mm

涌泉灌。滴灌管直径为 16mm，滴头流量为 3.75L/h，滴头间距为 50cm，每行树下布设两根滴灌管，分别距树左右 50cm 处；涌泉灌为直径 20mm，滴头流量为 20L/h，滴头间距为 100cm，每行树下布置一根涌泉灌管。为了保证灌溉水量的准确性，采用水表控制，在春冬灌时也采用滴灌灌水，并控制水量。试验选样要求长势良好、无偏冠现象、无病虫害，同一处理中选出三株直径大小相近，冠幅相似的核桃树，在处理之间的样树大小及长势也要求相近。每组处理下取 3 株核桃树为样本，为减小误差，取 3 个重复样本计算均值后展开分析。具体试验设计见表 2.2。

表 2.2　　　　　　　　　　**核桃树生育期划分及试验设计**

生育期	时　间	灌水日期	灌水周期/d	灌水次数/次	灌水定额/mm			
					C1	C2	C3	C4
萌芽期	4 月 5—14 日	4 月 10 日	5	1	各个处理灌溉 75（滴灌）			
开花结果期	4 月 15 日—5 月 9 日	4 月 25 日	15	1	15	30	45	30
果实膨大期	5 月 10 日—6 月 3 日	5 月 10 日、5 月 25 日	15	2	15	30	45	30
硬核期	6 月 4 日—7 月 5 日	6 月 10 日、6 月 27 日	17	3	15	30	45	30
油脂转化期	7 月 6 日—8 月 31 日	7 月 13 日、7 月 28 日	15	2	15	30	45	30
冬灌	11 月 1—20 日	11 月 10 日		1	各个处理灌溉 120（滴灌）			
合计				10	315	435	555	435

注　C1、C2、C3 为滴灌，C4 为涌泉灌。

2.2　成龄核桃树试验区

2.2.1　试验区概况

试验选在新疆阿克苏地区温宿县核桃林场，地理位置为东经 $80°14'$，北纬 $41°16'$，海拔 1133m。在塔里木盆地的北缘，属温带大陆性气候，年平均气温 10.1℃，年均日照 2747.7h，年均降水量 65.4mm，年均无霜期 185d。研究对象为 10 年的成龄核桃树，东西种植，品种为"温 185"。株行距为 3m×5m，株高 3～3.5m，地下水埋深在 6m 以下，地面以下 0～120cm 土壤的 pH 值为 8.06～8.37。不同深度土壤层的土壤指标和养分情况见表 2.3 和表 2.4。

水源来自距试验地约 500m 的生活区井水，其出水流量为 160m³/h，系统采用直径为 63cm 的 PVC 管道将水引到试验地。

表 2.3　　　　　　　　　不同深度土壤层田间持水量与干容重

土层深度/cm	田间持水量/%	土壤干容重/(g/cm³)
0～20	16.77	1.54
20～40	26.29	1.42
40～60	26.39	1.44
60～80	24.20	1.45
80～100	25.31	1.47
100～120	19.43	1.41
平均值	23.06	1.46

表 2.4　　　　　　　　　不同深度土壤层的养分情况

土层深度/cm	有机质/(g/kg)	速效氮/(mg/kg)	速效磷/(mg/kg)	速效钾/(mg/kg)
0～20	14.4	64.9	64.5	154.8
20～40	21.8	82.3	76.5	182.3
40～60	15.4	44.5	65.3	198.5
60～80	9.3	30.9	37.1	156.6
80～100	9.3	31.2	34.1	133.8
100～120	9.3	30.2	29.5	139.5
平均值	13.3	47.3	51.2	160.9

2.2.2　试验设计

2.2.2.1　核桃树生育期的划分

根据实际调研和对核桃生育性状的观察，将核桃的生育期划分为几个阶段，见表 2.5。

表 2.5　　　　　　　　　核 桃 树 生 育 期

生育期	萌芽期	开花结果期	果实膨大期	硬核及油脂转化期	成熟期	休眠期
时间	3月底—4月上旬	4月中旬—5月初	5月上旬—6月上旬	6月中旬—8月下旬	9月上旬—9月下旬	10月上旬—翌年3月中旬

2.2.2.2　灌水技术试验方案

试验采用对比法进行，设 2 管处理、3 管处理、4 管处理、小管出流处理、环灌处理和对照处理（地面灌），具体试验采用的布置方式见表 2.6 及图 2.1。每个处理 3 个重复，共 18 个小区，每个小区面积为 75m²，每个处理 5 棵核桃树。滴灌管管径 16mm，滴头流量为 3.75L/h，滴头间距为 50cm。试验处理行的两侧均有隔离带，试验时选取各处理树势均匀的核桃树进行观测。

(a) 2 管处理

(b) 3 管处理

(c) 4 管处理

(d) 小管出流处理

(e) 环灌处理

(f) 地面灌处理

图 2.1　试验区不同灌水技术布置图

　　试验中的灌溉制度参考了相关文献[199]并结合了当地实际的灌溉情况。试验中微灌核桃的具体灌溉制度见表 2.7。

表 2.6 试验采用的布置方式

处理	布置方式	简称
2 管	在树行两侧 2/3 树冠半径处各布置一根滴灌管	2g
3 管	在树行两侧 2/3 树冠半径处各布置一根滴灌管、在树行正下方也布置一根滴灌管	3g
4 管	在树行两侧各布置两根滴灌管，外侧一根在 2/3 树冠半径处，内侧一根在树行与外侧滴灌管中间位置	4g
小管出流	以 2/3 树冠半径为半径挖环沟，树行两侧布置两根 φ16 的毛管，并在环坑处通过压力补偿式稳流器引出 4 根 φ4 的微灌用于向环坑供水	xg
环灌	滴灌管以 2/3 树冠为半径绕树一圈	hg
地面灌	当地普通的地面灌形式	FI

表 2.7 试验采用的灌溉制度

生育期	萌芽期	开花结果期	果实膨大期	硬核及油脂转化期	成熟期	休眠期	累积量
灌水定额/mm	60	60	60	60	60	150	930
灌水次数/次	1	2	3	6	1	1	14

2.2.2.3 灌溉制度试验方案

大田试验采用定灌水周期、变灌水定额的单因素试验设置，均采用 3 管布设方式，各处理小区随机排列，为减小各试验处理间的相互影响，试验地四周按地形和小区布置均设有隔离带。灌溉制度试验方案见表 2.8。

表 2.8 灌 溉 制 度 试 验 方 案

处理	灌水定额/mm	生育期						累积灌水量/mm
		萌芽期	开花结果期	果实膨大期	硬核及油脂转化期	成熟期	休眠期	
处理 1（W1）	45							735
处理 2（W2）	60	1	2	3	6	1	1	930
处理 3（W3）	75							1125
地面灌（FI）	225	1	1	1	2	1	1	1575

2.3 观测内容及方法

2.3.1 气象资料

通过 Watchdog 全自动小型气象站获得日最高、最低气温，风速、风向、相对湿度、太阳辐射、降雨量等气象指标。

2.3.2 土壤含水率

土壤含水率采用 TRIME-IPH 土壤剖面含水量测量系统进行测量，每个处理选 1 棵树，把 Trime 管布置在核桃树株距和行距方向，具体布置如图 2.2 所示。观测土层深度为 20～120cm，每隔 20cm 监测一个点。

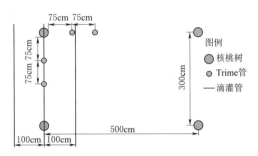

图 2.2 Trime 管的平面布置图

2.3.3 叶绿素含量

采用手持式叶绿素指数仪对叶绿素含量进行测定，每个处理选 3 棵树，在每棵树的东西南北 4 个方向，选择树冠 1/2 处的 3 片健康叶片做好标记，活体测定，各个生育期测定相同叶片。

2.3.4 细胞液浓度

叶片细胞液浓度采用阿贝折射仪进行测定。每个处理选 3 棵树，在每棵树的东西南北 4 个方向，选择树冠 1/2 处的 3 片健康叶片做好标记，活体测定，各个生育期测定相同叶片。在每个生育期选择典型天气，从早晨开始，每隔 2h 观测一次。

2.3.5 叶水势

采用 Model 600 叶水势仪进行测量。每个处理选 3 棵树，在每棵树的东西南北 4 个方向，选择树冠 1/2 处的 3 片健康叶片做好标记，活体测定，各个生育期测定相同叶片。在每个生育期选择典型天气，从早晨开始，每隔 2h 观测一次。

2.3.6 地温

采用金属曲管温度计测定，5～25cm 长度为一组，用于观测地下 5cm、10cm、15cm、20cm、25cm 处的地温。每 5d 观测一次地温的日变化过程，从 8:00 到 20:00 每 2h 观测 1 次。

2.3.7 叶片温度

采用红外线测温仪测量。每个处理选 3 棵树，在每棵树的东西南北 4 个方向，选择树冠 1/2 处的 3 片健康叶片做好标记，活体测定，各个生育期测定相同叶片。在每个生育期选择典型天气，从早晨开始，每隔 2h 观测一次。

2.3.8　土壤棵间蒸发

采用微型蒸渗仪（图 2.3）测定棵间表土蒸发。每株样木附近各布置 4 个微型蒸渗仪，将 4 个蒸渗仪布置在 Trime 管附近。微型蒸渗仪采用直径为 110mm 的黑色 PVC 塑料管制成，微型蒸渗仪高 150cm，下端密封，外侧由直径 160mm、高 20.0cm 的黑色 PVC 塑料管制成套管，预埋于土壤中。每天定时称重，每 3～5d 换土一次。

图 2.3　微型蒸渗仪

2.3.9　光合指标

蒸腾速率的测定采用美国 LI-COR 公司生产的 LI-6400 便携式光合系统分析仪，在观测日的 9：00—21：00 进行，每隔 2h 测定一次。光合系统分析仪同时观测的指标还包括核桃树树叶的净光合速率 $[P_n, \mu molCO_2/(m^2 \cdot s)]$、气孔导度 $[G_s, molH_2O/(m^2 \cdot s)]$、蒸腾速率 $[T_r, mmolH_2O/(m^2 \cdot s)]$ 等与光合相关的参数。每个处理选 1 棵树，在每棵树的东西南北 4 个方向，选择树冠 1/2 处的健康叶片 3 片做好标记，活体测定。

2.3.10　核桃树根系

根系的取样方法为分层分段挖掘法。在试验地和对照（地面灌）中确定有代表性的树体，从树干外侧开始垂直于株向和行向分别挖一个长 150cm、深 150cm 的剖面，按 15cm×15cm×15cm 大小每层取 10 个样，共取 10 层。用 EPSONTWAINPRO（32bit）根系扫描仪获取根系图像，并用 Delta-tscan 软件分析其根长。分析完成后的根系放入烘箱中烘干至恒定质量称其质量。

2.3.11 产量和品质指标

（1）产量。每个处理选择 3 棵核桃树测产，分别计算各处理单棵核桃产量，然后根据每亩地核桃棵树得到每个处理的总产量。

（2）品质。采用压力膜法测粗脂肪含量，凯氏定氮法测蛋白质含量，用游标卡尺测量纵横径。

2.3.12 茎流量

试验采用的是热扩散探针法（TDP 法），采用德国 Ecomatik 公司生产的 SF-G 液流传感器（图 2.4）。传感器采用热扩散（TDP）原理[99,100]。传感器由两根探针组成，上下布置安装，加热探针安装在上部，另一根探针安装在加热探针正下方且距地面 60cm 的树干朝阳面上，通过给加热探针加热来计算两根探针的温度差，最终计算树干茎流。上下探针间距 10cm，探针抹上少量导热硅脂后插入树干上已钻好孔并插进铝管的孔里，固定好探针。为了防止探针部位与外界温度交换，在探针外部用防辐射罩罩在传感器上，防辐射罩上下接口用封口硅胶密封。SF-G 液流传感器采用数据采集器自动监测和记录数据，每 30min 记录一次。传感器直接以电压信号进行显示，通过公式换算量纲可以抵消，因而两根探针温度差可以进一步转化为输出的电压差，进行茎流量的计算。由式（2.1）换算成茎流速率。

$$U = 0.714 \times \left(\frac{\Delta T_{max} - \Delta T}{\Delta T} \right)^{1.231} \tag{2.1}$$

式中：U 为茎流速率，mL/(cm²·min)；ΔT 为两探针之间温差值；ΔT_{max} 为晚间两探针之间温差的最大值。

图 2.4 茎流计安装布置图

第3章 微灌核桃树茎流变化特征及耗水特性研究

作物耗水量是在田间条件下，植株棵间蒸发和作物蒸腾的耗水之和，又称为蒸发蒸腾量。作物耗水量是农业用水的主要组成部分。本章主要研究不同灌水技术和灌水定额下核桃树不同生育期的耗水强度、耗水量、耗水模数等，它们是制定灌溉制度、预测作物产量和工程设计的基础。

实际生产中，通常根据水量平衡原理计算作物各生育期的耗水量，可以用式（3.1）表示：

$$ET = W_0 - W_t + W_T + P_0 + M + K - S \tag{3.1}$$

式中：ET 为时段内作物的耗水量，mm；W_0、W_t 为时段初和任一时间的土壤计划湿润层内的储水量，mm；W_T 为由于计划湿润层深度增加而增加的水量，mm；P_0 为有效降雨量，mm；M 为时段内的灌水量，mm；K 为时段内的地下水补给量，mm；S 为时段内的深层渗漏量，mm。

由于试验区地下水位在 6m 以下，因此不考虑地下水补给（即 $K=0$）。由于研究的核桃树为成龄核桃树，通过对核桃根系分布观测，90%以上的根系在100cm 土壤深度内，本书在分析核桃整个生育期内土壤剖面水分时，取计划湿润层深度 120cm，为恒定值，因此 $W_T=0$；灌溉水全部渗入到土壤，对微灌而言没有深层渗漏，即不考虑 S，而对地面灌而言，存在深层渗漏，即要考虑 S。

3.1 核桃树茎流速率与蒸腾量的变化规律

3.1.1 茎流速率变化特征

3.1.1.1 全生育期日平均茎流速率变化特征

由图 3.1 看出，滴灌核桃树在全生育期日平均茎流速率变化规律明显，全生育期内的日均茎流速率由萌芽期开始都小于 0.1mL/（cm²·min），随着核桃树叶片的展开，在开花结果期核桃树日均茎流速率最大值接近 0.1mL/（cm²·min），从图 3.2 看到萌芽期与开花结果期两个生育期日平均茎流速率接近；在果实膨大期日均的茎流速率迅速地增大，最大的日均茎流速率为 0.159mL/（cm²·min）；到了硬核期内有一阶段日均茎流速率出现明显降低，生育期的平均茎流速率也是同时降低，略低于果实膨大期的平均茎流速率，通过气象数据可知，这段时间内，长期处于阴雨天气和沙尘较严重时期，导致这段时间的日均茎流速率出现明显降低趋势；在油脂转化期，根据生育期对水分养分的需求以及气象的关系，日均茎流速率及生育期平均茎流速率增长到了全生育期的最高峰，最大值为 $0.241\mathrm{mL}/(\mathrm{cm}^2 \cdot \mathrm{min})$。然而在 8 月初开始，日均茎流速率开始缓慢下降，这是因为在 7 月底对核桃树进行了控水，从而日均茎流速率开始降低，在最后的成熟期以及落叶期日均茎流速率明显变小。由图 3.1、图 3.2 中的茎流速率累积量曲线看出，在不同生育期内茎流速率增长的大小（斜率）不一样，在萌芽期和开花结果期增长缓慢，在果实膨大期、硬核期和油脂转换期增长的速率较快，在最后的成熟阶段增长缓慢。

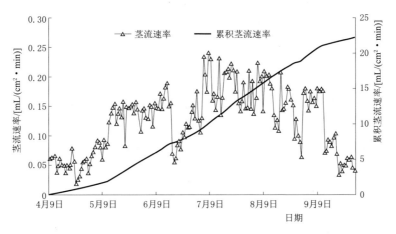

图 3.1　核桃树全生育期茎流速率的日平均值与累积量

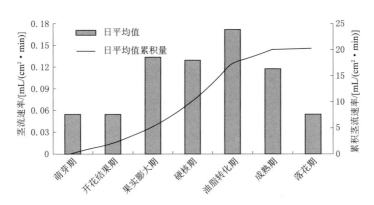

图 3.2　核桃树各生育期日平均茎流速率与全生育期日平均茎流速率累积量

3.1.1.2 茎流速率日变化特征

由图3.3看出茎流速率日变化的波动最大的在白天,时间段为8:30—22:00,夜间变化较小,时间段为22:00—8:30。从8:30左右开始,茎流速率开始缓慢变大,到了9:00左右就迅速增长,持续增长到13:00前后达到一天当中的第一个峰值,之后缓缓下降到15:00左右又开始增大,到了16:00左右增长到全天之中第二次高峰,之后就开始快速地降低,直到22:00,茎流速率处于极小值。从图3.3中看出,4—9月茎流速率的峰值有先增大后减小的规律。

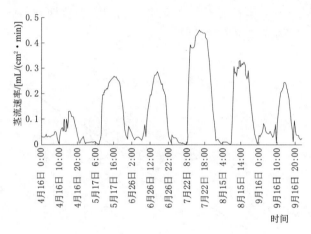

图3.3 核桃树茎流速率的日变化图

3.1.2 气象因子对茎流速率的影响

3.1.2.1 典型天气中茎流速率的变化规律

通过SF-G液流传感器对茎流的数据采集和Watchdog全自动小型气象站对气象数据的采集,得到了核桃树在晴天(8月19日)、多云(8月29日)和雨天(8月31日)天气下的茎流变化规律。

由图3.4可知,在晴天(8月19日)的条件下,茎流速率日变化呈双峰曲线。茎流速率从8:30前后开始缓慢地增长,到了9:30左右茎流速率快速增长,11:00前后气温上升较高,茎流速率缓慢增长,在12:00左右达到日变化中第一个峰值,之后缓缓降低又缓慢升高,至16:00前后,茎流速率增长达到了日变化的第二峰值0.438mL/(cm² · min)。16:00以后,随着气温的下降,茎流速率也是缓慢下降,直到24:00左右达到日变化的最小值。

在多云天气条件下,茎流速率日变化呈多峰曲线。由于阳光的辐射被云间断遮挡,使接收到的太阳辐射具有间断性,核桃树茎流速率也在随之变化;而

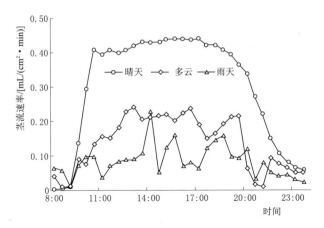

图 3.4　晴天、多云、雨天核桃茎流速率的变化过程

在雨天时，茎流速率日变化平均值［0.064mL/（cm² · min）］小于晴天
［0.206mL/（cm² · min）］和多云天气［0.101mL/（cm² · min）］，雨天时茎流速
率日变化也是多峰形，在雨天相邻前后日之间茎流速率跳动较大，这是由于雨
天时大气温度和太阳辐射低以及叶面湿度所引起。

3.1.2.2　气象因子对核桃树茎流速率日变化的影响

对于大田试验，气象是影响植物茎流速率日变化的重要因素[200,201]。为探究
茎流速率日变化在气象因子综合效应下的变化规律，在灌水处理相同的条件下，
分析茎流速率日变化分别与太阳辐射、大气温度和大气相对湿度等重要气象因
子的关系，如图 3.5 所示。

从图 3.5（a）和（b）可以看出，茎流速率日变化曲线与太阳辐射日变化曲
线相近，变化趋势一致，茎流速率日变化规律与太阳辐射日变化呈正相关。从
8∶30 开始，随着太阳辐射量的增强，大气温度也在太阳出现后快速上升的同
时，茎流速率快速增大，在 13∶30 左右达到茎流速率一天中的第一个峰值，而
此时的太阳辐射继续增强，大气温度持续上涨，但是，此时的茎流速率则缓慢
变小，这是由于气温的持续增长，作物叶片上气孔本能的反应要保护作物，关
闭了部分的气孔，减少水分流失[202-204]。缓慢下降在 15∶00 左右到达低谷，这
时的太阳辐射和大气温度也上升到了一天当中的最大值。之后在 16∶00 左右茎
流速率上升到了日变化中第二个峰值，而随着太阳辐射和大气温度下降，茎流
速率也随之降低，到 24∶00 降到日变化中的最低值。

由图 3.5（c）可以看出，早晚时间段气温较低，没有太阳辐射，大气相对
湿度较高，而茎流速率处于较低的状态，14∶00—16∶00 时间段内大气相对湿
度是全天当中最低的时间段，茎流速率反而处在日变化的最高值，从而看出茎
流速率的变化规律与大气相对湿度呈负相关。

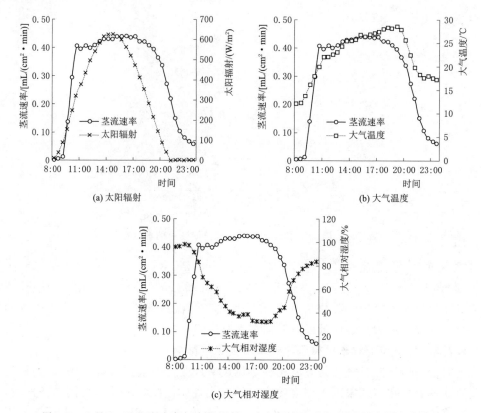

图 3.5　8 月 19 日茎流速率与太阳辐射、大气温度和大气相对湿度的变化曲线

3.1.2.3　核桃树茎流速率日变化与气象因子的回归分析

为阐明核桃树茎流速率与气象因子之间的关系，本书通过 SPSS19.0 分析气象各因子与茎流速率以及参数之间的相关性，得出在茎流速率跟气象因子之间的回归方程（表 3.1）。

表 3.1　　　　　　　　　核桃树茎流速率与气象因子的回归方程

气象因子	回归方程	R^2	F	P
太阳辐射	$f = 0.069 + 0.001PAR$	0.91	480.42	0.00
大气温度	$f = -0.411 + 0.031T$	0.89	362.78	0.00
大气相对湿度	$f = 0.692 - 0.007RH$	0.73	122.24	0.00

注　$P < 0.01$ 水平（双侧）上显著相关。

表 3.1 表明，三种气象因子都与核桃树茎流速率有较高的相关性，对茎流速率影响最大的气象因子是太阳辐射，其次是大气温度和大气相对湿度。三种气象因子在 $P < 0.01$ 水平上都是显著相关。大气相对湿度系数为负数

（－0.007），表明大气相对湿度对茎流速率是负相关。

　　为了更实际地说明茎流速率与气象因子之间关系，对同步测定的太阳辐射、大气温度和大气相对湿度、风速、降雨量等气象因子对核桃茎流速率进行逐步回归分析，最终筛选出对茎流速率影响最大的因子是太阳辐射、大气温度和大气相对湿度，通过回归分析得到太阳辐射（PAR）、大气温度（T）和大气相对湿度（RH）与核桃茎流速率的回归方程

$$f = -0.8995 + 0.0003PAR + 0.0382T + 0.0044RH$$

$$(R^2 = 0.97, F = 481.71, P < 0.01) \tag{3.2}$$

　　式（3.2）具有显著性的意义，说明了太阳辐射（PAR）、大气温度（T）和大气相对湿度（RH）是影响该试验区核桃茎流速率日变化的主要影响因子。鉴于其具有高度相关性，可以根据气象因子参数对试验核桃树的茎流速率日变化规律值进行预测。

3.1.3　不同灌水定额下茎流速率的变化规律

3.1.3.1　不同土层含水量对茎流速率的影响

　　李就好等[205]、李国臣等[206]、赵自国等[207]、王华田等[208]研究分析了不同作物在不同土壤水分情况下茎流速率的变化规律，一致认为土壤水分是影响茎流速率变化的一个重要因素。经过分析，核桃树每次滴灌灌水前后，核桃树干茎流速率有着明显的变化规律。以 6 月 12 日的一次灌水为例，试验中测定了 0～120cm 土壤层含水量（体积含水率，下文未说明的含水率均为体积含水率），分析出茎流速率与土壤层含水率的关系（图 3.6）。

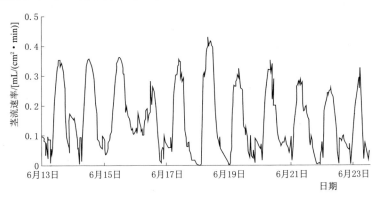

图 3.6　6 月 12 日灌水后茎流速率日变化图

　　由图 3.7 看出，在 6 月 12 日灌水后，随着水分的下渗，核桃树树根也在吸收土壤中的水分，在灌后 13 日、14 日、15 日土壤中的含水率趋于稳定，此时

的核桃树得到充足的水分，在图 3.6 中每天的日变化以及图 3.7 中的日均速率变化中都趋于稳定上涨的趋势，特别是由日均的茎流速率看到，茎流速率开始增大。在 6 月 15 日之后，土壤中的下渗水分无外界补给，而此时的核桃树树根仍然在持续吸收土壤中的水分，致使土壤中含水量在逐渐地降低，同时核桃树根系周围的含水量在降低，在根系受到水分胁迫的情况下，根系吸收水分需要更大的动力[209-212]，因此核桃根系吸收水分能力在减小，由树干向上运输水分的速度减小，最后是日均茎流速率也呈现出的是缓慢降低的趋势。随着根系不间断地吸收土壤中的水分，消耗了土壤中的水量，促使土壤含水率持续降低，日均茎流速率也伴随着在减小。

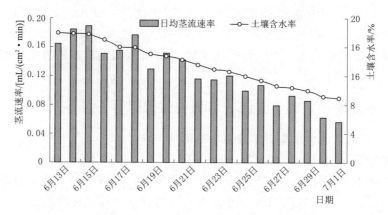

图 3.7 6 月 12 日灌水后日均茎流速率与土壤含水率

通过分析 120cm 内土壤层平均含水率与日均茎流速率在双侧检验下的相关性，得到相关系数 $R^2 = 0.96$，在双侧检验 $P < 0.01$ 水平上显著性相关。相应回归方程为：$f = -0.049 + 0.013\theta$。

对 0~120cm 土层分 0~20cm、20~40cm、40~60cm、60~80cm、80~100cm、100~120cm 6 段设置 6 个土壤含水率测定点（以下土层表述用 20cm 代表 0~20cm 段，其他以此类推），测得不同深度的土层含水率，并分别与日均茎流速率变化进行分析。

不同土层含水率对核桃树茎流速率的影响是不同的。在不同土壤层深度的土壤含水率大小和变化规律都不相同。从图 3.8 中可以看出，120cm 土层土壤含水率最高，80cm 土层最低，两者不论在灌水前还是灌水后都处于最高和最低，这是因为 80cm 土层以沙土较多，保水性较差。在灌水后，土层中含水率变化最大的是 20cm、40cm 和 100cm。20cm 的土壤含水率变化大是由于土壤表层的蒸发量较大引起的，40cm 和 100cm 处的土壤含水率变化快是核桃根系分布引起的，根据王磊[213]、赵经华等[214]对干旱区内滴灌核桃树根系空间分布的研究可知，水平方向上 0～120cm 内为核桃根系主要的分布范围，占总根系分布的 90.84％；在垂直方向上，主要分布深度在 0～90cm 范围内，占总根长分布的 78.75％。根系分布较多，对土壤水分的消耗就大，所以土壤水分变化明显。对各层土壤含水率与日均茎流速率进行相关分析，得出的结论见表 3.2。

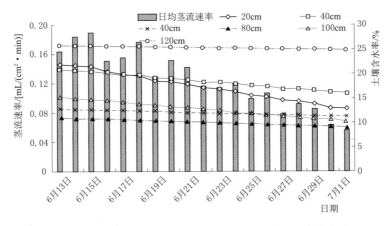

图 3.8　6 月 12 日灌水后的日均茎流速率和各层土壤含水率

由表 3.2 可知，土壤含水率与核桃树日均茎流速率的相关关系较好，在 0.01 水平（双侧）上都显著相关。从相关系数上看，在 20cm 和 40cm 土层的土壤含水率与日均茎流速率的相关系数为 0.963，在其他土壤层深度中处于最高的，表明了 20cm 和 40cm 土壤深度层的土壤含水率对核桃树日均茎流速率影响最大，同时 20cm 和 40cm 土壤深度层的土壤含水率变化值也是最大。

表 3.2　　　　核桃树日均茎流速率与各土壤层含水率的相关分析

土壤层深度/cm	20	40	60	80	100	120
两因素相关性	0.963＊＊	0.963＊＊	0.940＊＊	0.937＊＊	0.93＊＊	0.939＊＊

＊＊　在 0.01 水平（双侧）上显著相关。

3.1.3.2　不同灌水定额下的茎流速率变化规律

在对核桃树进行滴灌试验时，对核桃树滴灌设计了三个梯度的灌水定额，处理 1（C1）灌水定额 15mm、处理 2（C2）灌水定额 30mm 和处理 3（C3）灌水定额 45mm，得到了不同灌水定额处理下茎流速率变化，如图 3.9 所示。

在核桃树一年生长周期内，不同灌水定额下的日均茎流速率整体上具有一致性。4 月中下旬 C1、C2 和 C3 相近；在 5 月初，C2 的日均茎流速率就开始快速增长，且在 5 月初至 8 月 10 日最后一次灌水期间，一直处于最大的日均茎流速率，从 9 月中旬开始 C2 和 C1 的日均茎流速率在快速降低，C3 的日均茎流速率还有上涨的趋势，这是由于 C3 处理灌水量较大，土层还含有较多富余水量供

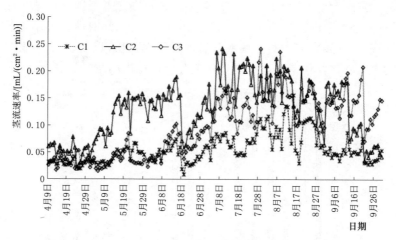

图 3.9　不同灌水定额处理下全生育期日均茎流速率变化

给核桃树根系吸收，向上输送水分。从全生育期看出，核桃树日均茎流速率在三个处理间的关系是：C2＞C3＞C1。

　　分析对比三个处理下核桃树各生育期内日平均茎流速率的变化关系，如图 3.10、图 3.11 所示。

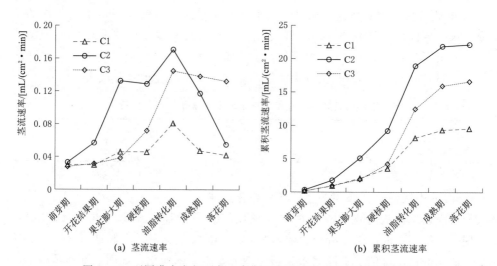

图 3.10　不同灌水定额下各生育期茎流速率变化及累积茎流速率

　　作物各生育期的生长特性及需求不同，在各生育期内耗水强度也不一样[215,216]，核桃树也是如此。由图 3.10（a）看出，虽然灌水定额不同，但是三种处理下的核桃树在各生育期内茎流速率变化规律相似。在萌芽期时，处理间茎流速率相差甚微，而在萌芽期之后，C2 的茎流速率的增长明显要比 C1 和 C3

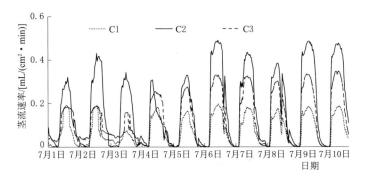

图 3.11　不同灌水定额下茎流速率的日变化过程

快；C1 和 C3 在萌芽期、开花结果期和果实膨大期前期没有较大区别，到了果实膨大期后期开始，C3 的茎流速率增大快于 C1。从图 3.10（b）可以明显看出 C1、C2、C3 之间的关系，从最终的茎流速率累积量来看：C2＞C3＞C1。在成熟期和落花期可以看出，C3 的茎流速率的降低速度比 C1 和 C2 要小，这就是与土壤含水量有着较大的关系，由于 C3 灌水量最大，在最后时段，C3 土壤中的含水量较高，核桃树能够吸收到较多的水分，因此茎流速率较高。

　　从图 3.9 和图 3.10 可以看出，三个处理下核桃树全生育期的茎流速率变化规律，在 C1、C2、C3 三个处理中，整体上茎流速率大小顺序是：C2＞C3＞C1。为了更充分地说明不同灌水定额下的茎流速率变化的特征，从核桃树茎流速率日变化过程进行了详细分析，如图 3.11 所示。

　　由图 3.11 看出，三个处理下的茎流速率日变化既有共同性又有差异性。共同性是茎流速率变化每日开始点、上升点、下降点的时间相同。C1、C2、C3 三个处理的茎流速率日变化在白天有着较大的差异，特别是从峰值看到：C2＞C3＞C1。从茎流速率日变化可以明显看出，C1、C2、C3 三个不同灌水定额的茎流速率是：C2＞C3＞C1。

3.1.4　不同灌水方式下茎流速率的变化规律

　　本试验对比了滴灌（灌水定额 30mm）和涌泉灌（灌水定额 30mm）两种灌水方式下核桃树的茎流速率。

　　在这两种灌水方式下核桃树茎流速率在全生育期内变化趋势相近（图 3.12），在萌芽期、开花结果期、果实膨大期和硬核期，两者的日平均茎流速率相对值在 10% 左右，而在油脂转化期和成熟期，涌泉灌灌水方式下的茎流速率相对于滴灌小了 21.11% 和 18.59%。在累积茎流速率最终值上，滴灌灌水方式大于涌泉灌灌水方式。由图 3.13 就能看到，在两种灌水方式下茎流速率日变化中有着明显的差异，滴灌和涌泉灌灌水方式下茎流速率开始点、增长点、下降点时间相同，然而涌泉灌的茎流速率峰值要小于滴灌。

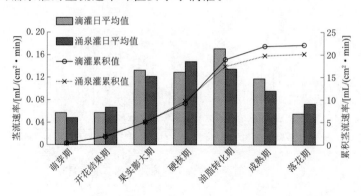

图 3.12 不同灌水方式下全生育期日均茎流速率及累积量

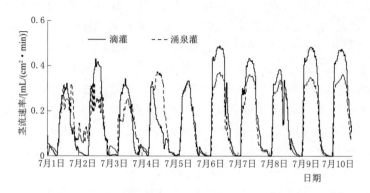

图 3.13 不同灌水方式下茎流速率日变化过程

3.1.5 滴灌核桃树蒸腾量的变化规律

3.1.5.1 参考作物蒸发蒸腾量的计算

参考作物蒸发蒸腾量 ET_0（reference crop evapotranspiration）由联合国粮农组织（FAO）1977 年定义为在不缺水条件下，生长旺盛，高度统一，地面全部覆盖，8～15cm 高度开阔草地的蒸散量[217]。由于参考作物高度有 8～15cm 变化范围，这会引起冠层表面阻力和空气动力学特性的变化，进而对计算结果有影响。另外，规定的同一种参考作物，在不同区域、不同气候下，其生长的长势特征不同也会影响计算结果。因此 FAO（1994）根据彭曼-蒙特斯（Penman-Monteith）公式的基本要求，重新定义了参考作物蒸发蒸腾量 ET_0，ET_0 是一种假设的作物冠层的蒸发蒸腾量，假定作物叶面阻力为 70s/m，作物高度为 0.12m，反射率为 0.23，非常相近于不缺水条件下，高度一致、表面开阔、生长旺盛，地面完全被绿叶草地覆盖的蒸发蒸腾速率[218]。参照作物一般就是指首蓿草，因为气象条件是影响首蓿草蒸发蒸腾量变化的主要因素，所以参考作物蒸发蒸腾量都是由该地区气象条件进行分阶段（月或旬）来计算。

本试验采用的是 Penman－Monteith 公式进行计算。

$$ET_0 = \frac{0.408\Delta(R_n - G) + \gamma \dfrac{900}{t + 273} U_2(e_a - e_d)}{\Delta + \gamma(1 + 0.34U_2)} \qquad (3.3)$$

式中：ET_0 为参考作物蒸发蒸腾量，mm/d；G 为土壤热通量，MJ/(m² · d)；R_n 为净辐射量，MJ/(m² · d)；U_2 为 2m 高处的平均风速，m/s；t 为平均气温，℃；e_a 为饱和水汽压，kPa；e_d 为实际水汽压，kPa；Δ 为饱和水汽压与温度曲线的斜率，kPa/℃；γ 为干湿表常数，kPa/℃。

在试验区安装自动气象站，自动监测试验区范围内的气象参数，如太阳辐射（PAR）、大气温度（T）、大气相对湿度（RH）、风速（W）、降雨量（R）等。根据 Penman－Monteith 公式和试验区气象数据计算出各阶段的 ET_0。

由图 3.14 看出，4—9 月的参考作物蒸发蒸腾量有着非常明显的变化规律，随着太阳辐射、大气温度等气候条件的上升，ET_0 也在随之上升，在 6—8 月是整个生育期内 ET_0 最大的时段，在 8 月中期开始快速减小。在遇到降雨或者是阴天的天气时，ET_0 明显下降

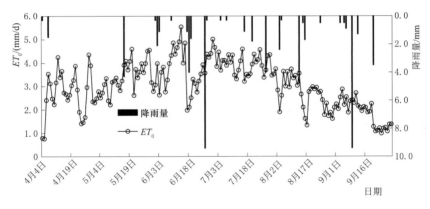

图 3.14　4—9 月参考作物蒸发蒸腾量

3.1.5.2　核桃树蒸腾速率日平均值变化规律

由图 3.15 可知，核桃树在全生育期内蒸腾速率变化总体上呈由低到高，再由高到低变化。在 4 月中上旬和 5 月上旬时处于核桃萌芽期和开花结果期，此时的蒸腾速率为 0.49mm/d，5 月中下旬至 6 月中旬是核桃的果实膨大期，此时的蒸腾速率达到了 1.13mm/d，在硬核期蒸腾速率为 1.10mm/d，到 7 月中旬至 8 月下旬是核桃的油脂转化期，这时的蒸腾速率为全生育期中最大值 1.46mm/d，之后 9 月的成熟期蒸腾速率只有 1.00mm/d。从表 3.3 中各生育期内的蒸腾量及

占蒸腾量总量百分数看到,在果实膨大期、硬核期和油脂转化期内的蒸腾量占的百分数分别为 14.96%、18.62% 和 43.98%,这表明了此阶段的耗水量最大,此阶段为核桃需水关键期,对这阶段的水分控制需要加强。

图 3.15　4—9 月核桃树日均蒸腾速率变化

表 3.3　　　　　　各生育期内核桃树平均蒸腾速率及蒸腾量表

生育期	蒸腾速率/(mm/d)	蒸腾量/mm	占总蒸腾量百分数/%
萌芽期	0.49	2.91	1.54
开花结果期	0.49	12.16	6.43
果实膨大期	1.13	28.29	14.96
硬核期	1.10	35.20	18.62
油脂转化期	1.46	83.16	43.98
成熟期	1.00	25.03	13.24

3.1.5.3　核桃树蒸腾速率与参考作物蒸发蒸腾量的关系

由气象关系以及 Penman-Monteith 公式计算得到参考作物蒸发蒸腾量,通过茎流速率及核桃树边材面积计算得到核桃树蒸腾速率,将两者进行分析得出以下结论。

从图 3.16 能够看出,核桃树蒸腾速率(T_r)与 ET_0 的变化规律相似,在波峰和波谷具有同步性。核桃树蒸腾速率永远都低于 ET_0。将核桃树蒸腾速率与 ET_0 采用逐步法进行回归分析,得到蒸腾速率(T_r)与 ET_0 相关方程为 $T_r = 1.96 + 1.04ET_0$,相关系数 $R^2 = 0.49$,在 $P < 0.01$ 水平(双侧)上显著相关。

3.1.5.4　不同灌水处理下核桃树蒸腾量的变化规律

对不同灌水定额下的茎流数据及使用生长锥测出的各处理核桃树边材面积进行计算分析,得到了在不同灌水定额条件下核桃树的蒸腾速率和生育期内的蒸腾量。

由图 3.17 可以看出,在不同灌水定额下核桃树蒸腾量最大的是 C2,最小的是 C1。C1、C2、C3 和 C4 四个处理下的最大蒸腾速率都在油脂转化期,蒸腾速

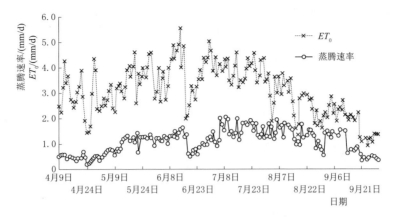

图 3.16　核桃树蒸腾速率与参考作物蒸发蒸腾量（ET_0）的变化

率分别为 0.69mm/d、1.46mm/d、1.20mm/d 和 1.30mm/d。在成熟期和落花期时，四个处理的蒸腾量都降低时，C3 的蒸腾速率下降最少，这是由于这个阶段处于控水阶段，最后一次灌水中，C3 灌水量最大，所以土壤中水分充足，给核桃树蒸腾提供了足够的水分，因此蒸腾速率较高。对比四个处理蒸腾总量值看出，处理 C2 最大。

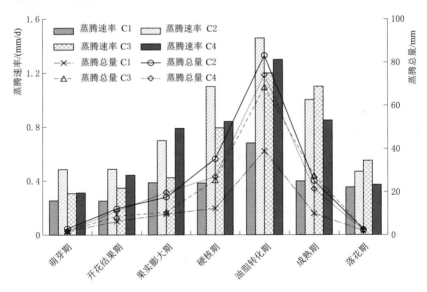

图 3.17　不同灌水处理下各生育期内蒸腾速率及蒸腾总量

　　根据茎流数据能够计算出不同灌水处理滴灌核桃树各生育期内的蒸腾速率，从而分析出单棵核桃树在不同灌水处理下的日耗水量，见表 3.4。

　　从表 3.4 可以看出，单棵核桃树在一天内的耗水量。在各生育期内单棵核桃树耗水量不同，日耗水量最大的是油脂转化期；不同灌水处理（C1、C2、C3和C4）下平均耗水量分别为 2.36kg/d、5.42kg/d、4.18kg/d 和 4.54kg/d。

表 3.4	各生育期内单棵核桃树的日耗水量表		单位：kg/d

生育期	处　　理			
	C1 处理	C2 处理	C3 处理	C4 处理
萌芽期	1.53	2.91	1.85	1.88
开花结果期	1.51	2.92	2.09	2.66
果实膨大期	2.33	4.20	2.54	4.74
硬核期	2.31	6.61	4.77	5.05
油脂转化期	4.09	8.76	7.21	7.81
成熟期	2.39	6.01	6.61	5.11
平均值	2.36	5.24	4.18	4.54

3.2　滴灌核桃树茎流速率、蒸腾情况年际间变化规律及产量的变化

滴灌核桃树从幼苗到成年需要数年的时间，不同树龄段所需要的养分及水分是不尽相同的。不同年龄阶段核桃树树冠冠幅、枝条疏密程度、树叶多少等因素，对核桃树的蒸发蒸腾量会产生不同的影响，所以供给的水分和养分也不同。不同生育期核桃树对水分需求也不同，例如在萌芽期时核桃叶片没有展开，所需水量就少，在硬核期、油脂转化期时核桃需水量就大幅增加。所以本章就以滴灌核桃树种植第 6 年、第 7 年两年中蒸腾量的年际变化进行研究分析。

3.2.1　滴灌核桃树年际间茎流速率与蒸腾情况变化规律

3.2.1.1　滴灌核桃树年际间茎流速率变化规律

核桃树耗水是由核桃树根系吸收土壤中的水分，通过树干中木质部的边材部分输送到枝叶，由叶片完成蒸腾使用。测定核桃树树干的边材部分向上输送水分的速率可以反映出核桃蒸腾耗水的强度，因此分析了核桃树树干茎流速率的变化。

由两年的核桃树日均茎流速率变化曲线（图 3.18）可以看出，全生育期内核桃树茎流速率变化规律趋势相近。从 4 月初至 7 月底这段时间内，2015 年核桃树茎流速率高于 2014 年，8 月初后，2015 年核桃树茎流速率明显大幅下降，而 2014 年核桃树茎流速率下降缓慢；到 9 月中旬后，2014 年核桃树茎流速率明显下降，幅度大于 2015 年的核桃茎流速率。总体上看，2014 年核桃茎流速率小

于 2015 年，这是由于同一棵核桃树，2015 年的核桃树要比 2014 年壮大，需水
量要比 2014 年多。图 3.19 为 2014—2015 年核桃树蒸腾速率变化，对比图 3.18
和图 3.19 可以看出，两图的变化趋势一样，2015 年核桃蒸腾速率大于 2014 年。

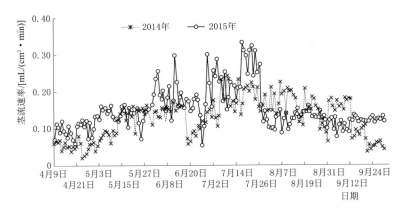

图 3.18　2014—2015 年滴灌核桃树的日均茎流速率变化

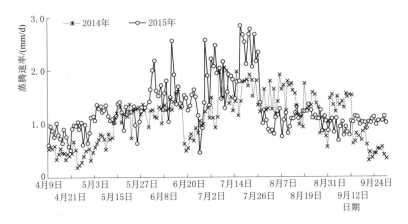

图 3.19　2014—2015 年滴灌核桃树的日均蒸腾速率变化

3.2.1.2　滴灌核桃树年际间蒸腾速率变化规律

各年的参考作物蒸发蒸腾量是根据当年的气象进行换算得到的，在不同年
间随着气象变化，参考作物蒸发蒸腾量也不断变化。所以核桃树蒸腾量在不同
年际之间也有着不同的变化规律，如图 3.20 所示。

从图 3.20 看出：在油脂转化期之前，2015 年的蒸腾速率高于 2014 年，在
萌芽期和开花结果期，两者之间的蒸腾速率差值最大为 0.472mm/d，比 2014 年
大了 97%；果实膨大期，2015 年与 2014 年的蒸腾速率差值只有 0.12mm/d；硬
核期，2015 年蒸腾速率明显高于 2014 年，比 2014 年大了 44%；在油脂转化期
至成熟期时段内，两者之间的蒸腾速率相差很小；在落花期，2014 年蒸腾速率

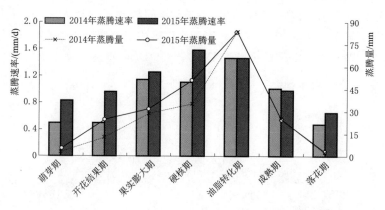

图 3.20　2014—2015 年各生育期内滴灌核桃树的蒸腾量变化

下降值大于 2015 年。从图 3.20 可以看出，在油脂转化期前，2015 年的各生育期内蒸腾总量高于 2014 年，油脂转化期以后，两年的蒸腾量趋于相等。为了更明显对比出年际之间核桃蒸腾量的差异，做出了全生育期内蒸腾量累积图，如图 3.21 所示。

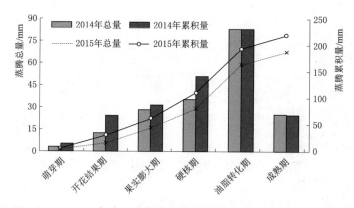

图 3.21　2014—2015 年全生育期内滴灌核桃树蒸腾总量和累积蒸腾量变化

从图 3.21 蒸腾量累积曲线可以看出，最终的累积值，2015 年蒸腾累积量高于 2014 年，高出 32.52mm，相对于 2014 年的增加了 17.20%。2014 年和 2015 年在油脂转化期前的生育期内，核桃蒸腾总量都是以较快的速度增加，特别是在果实膨大期、硬核期和油脂转化期，这三个生育期内增长速度非常快，到了油脂转化期以后的成熟期内，蒸腾总量就快速下降，累积蒸腾量趋于缓慢增加，直到最后落花期。

从 2014—2015 年各生育期内蒸腾总量占全生育期蒸腾总量的百分数（表3.5）看到，硬核期和油脂转化期的百分数之和都超过了 60%，表明这两个生育期是核桃耗水关键期，对这两个生育期灌水要求精密严格控制。从占全生育期蒸腾总量可以看出，2015 年蒸腾量比 2014 年蒸腾量在生育前期占比更大，成熟期的总蒸腾量在 2014 年内占了 13.40%，比 2015 年高 2.21 个百分点。在开花结果期 2015 年蒸腾量百分数为 10.97%，要比 2014 年的 6.51% 高 4.46 个百分点。

表 3.5　　　　　**2014—2015 年核桃树蒸腾总量及占全年总量百分数**

生育期	2014 年		2015 年	
	蒸腾总量/mm	占全年总量百分数/%	蒸腾总量/mm	占全年总量百分数/%
萌芽期	2.91	1.56	4.97	2.28
开花结果期	12.16	6.51	23.97	10.97
果实膨大期	28.29	15.15	31.29	14.33
硬核期	35.2	18.85	50.67	23.20
油脂转化期	83.16	44.53	83.07	38.03
成熟期	25.03	13.40	24.44	11.19

综合图 3.21 和表 3.5 可以看出，2014 年核桃树蒸腾总量要低于 2015 年，产生这样的原因是：试验是同一棵树，2014 年是种植的第 6 年，2015 年是第 7 年，这个年龄的核桃树属于幼龄时期[219,220]，7 年的核桃树要比 6 年的核桃树冠幅更宽大，枝条更为粗壮、繁密，所以耗水量增大。

3.2.1.3　不同灌水处理核桃蒸腾量的年际变化

3.1 节研究的是一年内核桃茎流速率以及腾发速率的变化规律。为了更加充分地了解核桃耗水，通过茎流速率计算得到核桃蒸腾量在不同树龄阶段的变化，如图 3.22 所示。

从图 3.22 可以看出，在 2014 年和 2015 年中，不同灌水处理的核桃总蒸腾量不同，C1 处理最小，C2、C3 和 C4 处理的总蒸腾量在各年中相接近，C2 处理略大于 C3 处理。对比不同年份，2015 年各处理的总蒸腾量都高于 2014 年，而且 C1 处理在 2015 年的总蒸腾量比 2014 年高了 96.60%，C2 处理

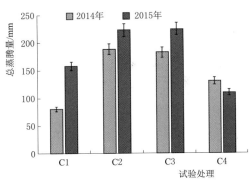

图 3.22　2014—2015 年滴灌核桃树
总蒸腾量对比图

2015 年比 2014 年高了 18.30%。而 C4 处理在 2015 的总蒸腾量小于 2014 年，主要受到核桃树自身的影响。从图 3.22 就能看出，年龄处于 6 年、7 年之间的核桃树是蓬勃生长阶段，在这阶段的核桃树耗水在年际之间有着较大的变幅，由此滴灌核桃树灌水处理时要注重适宜调整，以便让核桃树正常生长。

3.2.2　不同灌水处理对年际间核桃产量的影响

核桃产量是检验试验处理设定的重要指标之一。然而不同树龄的核桃产量是有差别的，同时，在每年中不同的气候也会对核桃产量有重要影响。通过 2014 年和 2015 年两年的试验研究，得到核桃产量如图 3.23 所示。

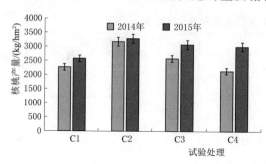

图 3.23　2014—2015 年滴灌核桃产量对比图

从图 3.23 可以看出，在不同灌水处理条件下，各处理间的产量有着较大的差异。最大产量是 C2 处理，在 2015 年为 3274.34kg/hm²，从两年的产量值来看，

2014 年和 2015 年产量最高值都出现在 C2 处理，表明了 C2 处理能够提高核桃产量。对比两个年份的核桃产量，2015 年比 2014 年增产，从增产效果来看，2015 年 C4 处理相对于 2014 年增产了 39.95%，虽然 C2 处理相对于 2014 年的增产较少，但是 C2 处理在所有处理中产量最高，因此推荐 C2 处理进行继续长期试验研究，以期得到更准确试验结论。

3.3　不同灌水处理下滴灌幼龄核桃树的耗水量计算和耗水规律

3.3.1　滴灌核桃树耗水量的计算

本试验采用《灌溉试验规范》[221]（SL 13—2004）中的水量平衡原理，计算滴灌核桃耗水量。这种方法是计算作物蒸发蒸腾量的基本方法，常用来检验或校核其他方法的准确性、可靠性。

$$ET_{1-2} = 10 \sum_{i=1}^{m} \gamma_i H_i (W_{i1} - W_{i2}) + M + P + K - C \tag{3.4}$$

式中：ET_{1-2} 为 1—2 时段的耗水量，mm；i 为土壤层序号；m 为土壤层序号总数；γ_i 为第 i 层土壤层干容重，g/cm³，见表 2.3；H_i 为第 i 层土壤层的厚度，cm，试验中 $H=20$cm；W_{i1} 为第 i 层土壤阶段初的土壤体积含水率，%；W_{i2} 为第 i 层土壤阶段末的土壤体积含水率，%；M 为时段内的灌水量，mm；P 为时段内的有效降雨量，mm；K 为时段内地下水补给量，mm；C 为时段内排水量，mm。

参考本试验地区近年来的研究成果，核桃树 78.75% 的毛根在垂直方向上分布在土壤深度 0～90cm 区域内[213]，所以试验测定土壤含水率范围为垂直方向上0～120cm 深度。通过试验得到，0～100cm 深度的土层含水率变化较大，在120cm 以下部分的土层含水率几乎没有变化（图 3.24），所以计划湿润层深度确定为 120cm。试验区地下水埋深超过 10m，所以 $K=0$ 和 $C=0$。

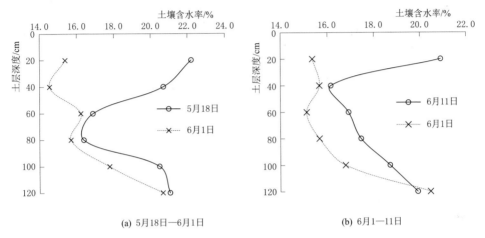

(a) 5月18日—6月1日　　　　　　　　(b) 6月1—11日

图 3.24　5 月 18 日—6 月 1 日和 6 月 1—11 日不同时段土层土壤含水率

3.3.2　不同灌水处理核桃树耗水规律

试验监测了核桃树在全生育期内的耗水规律，通过对土壤水分监测得到的数据进行推导，得到了在不同灌水定额下核桃树全生育期内的耗水规律以及各处理的总耗水量。

从表 3.6 和表 3.7 看出，在不同灌水定额下的核桃树耗水量差异非常明显。从总的耗水量来看，由于不同灌水定额下总灌水量不同，导致耗水量存在差异。灌水定额居中的 C2 处理的总耗水量最大，为 509.41mm；其次是 C4 处理，总耗水量为 479.58mm；再者是 C3 处理，总耗水量为 392.81mm；最小的也就是灌水定额最低的 C1 处理，总耗水量为 319.96mm。从各生育期的耗水强度及总耗水量的对比来看，萌芽期，C2 处理的耗水强度最大（1.58mm/d），比耗水强度最小的 C1 处理大了 19.7%；开花结果期，最大耗水量与最小耗水量相差了6.9mm。硬核期和油脂转化期是核桃耗水关键阶段，也是耗水量的最大时期，C1、C2、C3 和 C4 处理硬核期的耗水强度分别是 2.27mm/d、3.44mm/d、2.59mm/d 和 3.17mm/d，油脂转化期的耗水强度为 2.21mm/d、3.84mm/d、2.86mm/d 和 3.70mm/d。在核桃成熟期，核桃树耗水量有所下降，但 C2 处理的耗水量还是所有处理中最大的，要比灌水定额大于它的 C3 处理多 34.42%。

灌水定额相同、灌水方式不同的 C2 与 C4 处理总耗水量最接近，表明 30mm 灌水定额提高核桃树耗水量。

表 3.6　　　　　　　　不同灌水处理下各生育期的耗水强度　　　　　单位：mm/d

处理	萌芽期	开花结果期	果实膨大期	硬核期	油脂转化期	成熟期	平均耗水强度
C1	1.32	1.44	1.32	2.27	2.21	1.56	1.69
C2	1.58	1.72	2.23	3.44	3.84	2.72	2.58
C3	1.36	1.48	1.82	2.59	2.86	2.02	2.02
C4	1.37	1.50	2.07	3.17	3.70	2.62	2.41

表 3.7　　　　　　　不同灌水处理下各生育期耗水量及耗水模数

生育期	C1		C2		C3		C4	
	耗水量/mm	耗水模数/%	耗水量/mm	耗水模数/%	耗水量/mm	耗水模数/%	耗水量/mm	耗水模数/%
萌芽期	13.24	4.14	15.77	3.10	13.56	3.45	13.75	2.87
开花结果期	36.09	11.28	42.99	8.44	36.96	9.41	37.46	7.81
果实膨大期	33.10	10.34	53.61	10.52	46.01	11.71	50.90	10.61
硬核期	72.58	22.68	110.16	21.62	82.87	21.10	101.41	21.15
油脂转化期	125.87	39.34	218.90	42.97	162.83	41.45	210.65	43.92
成熟期	39.09	12.22	67.98	13.35	50.57	12.87	65.42	13.64
总耗水量	319.96	100	509.41	100	392.81	100	479.58	100

从表 3.7 中可以看出，不同灌水定额下核桃树耗水量最大的生育期为硬核期和油脂转化期，两个生育期耗水总量占了全生育期耗水量的 60% 以上，这与第 3 章通过茎流速率得到的蒸腾量相对应。在萌芽期，各处理中核桃树叶片还没有展开，此时各灌水处理之间耗水量差异较小，C1 为 13.24mm、C2 为 15.77mm、C3 为 13.56mm 和 C4 为 13.75mm。在开花结果期和果实膨大期耗水强度在增长，耗水量也随之增加。特别是到了硬核期和油脂转化期，此时核桃和枝条的生长需要大量的水分，耗水强度快速增大，生育期内的耗水总量也随之急剧增多。到了成熟期，对核桃树进行控水，核桃耗水量在缓慢变小。

对各处理的总耗水量和耗水强度进行分析后，根据耗水强度不同，对核桃树在各生育期内的总耗水量以及耗水量分布进行分析，如图 3.25 所示。

从图 3.25 可以看出，萌芽期和开花结果期的耗水量在四个处理之间没有太大差异；到了果实膨大期，C1 处理的耗水量明显要低于其他处理；到了硬核期和油脂转化期，两个生育期的耗水量在全生育期内占比最大，同时在这两个阶段的耗水量变化较大，C2 处理明显高于其他处理；在成熟期，C1 处理的耗水量低于其他处理。

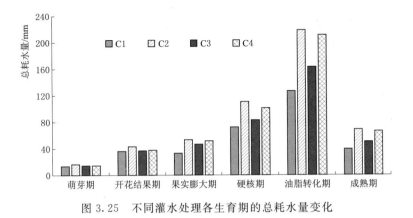

图 3.25　不同灌水处理各生育期的总耗水量变化

3.4　灌水技术对成龄核桃树耗水特性的影响

3.4.1　灌水技术对成龄核桃树逐月的日均耗水规律的影响

由图 3.26 可知，微灌和地面灌处理的耗水强度整体变化规律相似，均呈现出先增大后减小的变化趋势。地面灌与微灌处理逐月的具体变化又略有不同，4月地面灌日均耗水量小于微灌，5 月地面灌日均耗水量与微灌较为接近，其余各月地面灌的日均耗水量明显大于微灌。分析认为，5 月前由于耗水以蒸发为主，且主要受地温影响，由于地面灌的核桃树仅在 4 月上旬有一次大定额灌溉，微灌较地面灌灌水定额小，且为局部湿润，因此地温回升速度要快于地面灌，所以表现出微灌耗水强度要高于地面灌。从 5 月后，气温逐渐回升，田间耗水逐渐从以地表蒸发为主转为以植株蒸腾为主。由于地面灌湿润了整个根系层深度的土壤，根系分布范围更加广阔，与微灌相比，全面湿润导致多余的水分在土

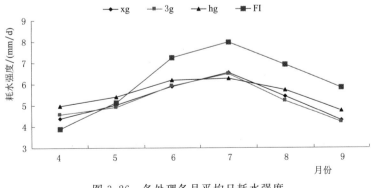

图 3.26　各处理各月平均日耗水强度

壤中存蓄起来，在灌水后很长一段时间都能被广泛分布的核桃根系吸收，因此表现出地面灌核桃树耗水强度大于微灌。

不同灌水技术处理的核桃树逐月日均耗水强度呈单峰曲线变化，从 4 月开始逐渐增大，到 7 月达到最大值，而后又开始逐渐减小，日均耗水量峰值出现在 7 月左右。

3.4.2　灌水技术对成龄核桃树耗水量及耗水模数的影响

整理 2009 年自动气象站的气象参数，利用 Penman - Monteith 公式计算得到试验地附近的参考作物蒸发蒸腾量 ET_0，ET_0 与降雨量如图 3.27 所示。

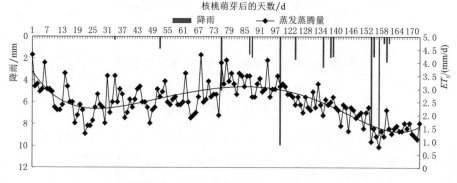

图 3.27　观测时段内的 ET_0 及降雨量

对数据进行整理和分析，成龄核桃树 2009 年 4—9 月累积耗水量及各生育期耗水量、耗水强度和耗水模数见表 3.8。

表 3.8　　　　　不同灌水技术下核桃树耗水量、耗水强度和耗水模数

处　理		生　育　期					累积耗水量
		萌芽期	开花结果期	果实膨大期	硬核及油脂转化期	成熟期	
2g	耗水量/mm	34.10	71.80	114.70	422.98	113.40	756.98
	耗水强度/(mm/d)	3.41	3.59	3.70	4.60	3.78	
	耗水模数/%	4.50	9.49	15.15	55.88	14.98	100.00
3g	耗水量/mm	41.50	87.80	152.29	540.29	126.60	948.48
	耗水强度/(mm/d)	4.15	4.39	4.91	5.87	4.22	
	耗水模数/%	4.38	9.26	16.06	56.96	13.3	100.00
4g	耗水量/mm	41.10	90.40	148.10	551.32	123.30	954.22
	耗水强度/(mm/d)	4.11	4.52	4.78	5.99	4.11	
	耗水模数/%	4.31	9.47	15.52	57.78	12.92	100.00

处　理		生　育　期					累积耗水量
		萌芽期	开花结果期	果实膨大期	硬核及油脂转化期	成熟期	
xg	耗水量/mm	42.50	91.20	156.08	546.98	129.30	966.06
	耗水强度/(mm/d)	4.25	4.56	5.03	5.94	4.31	
	耗水模数/%	4.40	9.44	16.16	56.62	13.38	100.00
hg	耗水量/mm	49.90	107.20	167.40	557.39	142.50	1024.39
	耗水强度/(mm/d)	4.99	5.36	5.40	6.06	4.75	
	耗水模数/%	4.87	10.46	16.34	54.41	13.91	100.00
FI	耗水量/mm	38.90	90.60	159.06	678.65	175.50	1142.71
	耗水强度/(mm/d)	3.89	4.53	5.13	7.38	5.85	
	耗水模数/%	3.40	7.93	13.92	59.39	15.36	100.0
ET_0/mm		42.50	78.60	127.10	459.87	131.25	

从表 3.8 可以看出，核桃生育期耗水量、耗水模数总体上呈现单峰曲线，表现为萌芽期、开花结果期缓慢生长，果实膨大期快速增长，硬核及油脂转化期达到峰值，果实成熟期又逐渐减小。2 管、3 管、4 管、小管、环灌和地面灌情况下核桃全生育期的耗水量分别为 756.98mm、948.48mm、954.22mm、966.06mm、1024.39mm、1142.71mm。核桃树耗水量随生育期的变化而不同，硬核及油脂转化期的耗水量最大，分别为 422.98mm、540.29mm、551.32mm、546.98mm、557.39mm 和 678.65mm，对应各阶段耗水模数为 55.88%、56.96%、57.78%、56.62%、54.41% 和 59.39%。地面灌耗水量大于微灌处理耗水量，可能是地面灌处理更为广阔的根系分布和根系层深度内土壤全部湿润，导致耗水量偏大。

3.4.3　灌水技术对成龄核桃树作物系数 K_c 的影响

作物系数是指实际耗水量和参考作物蒸发蒸腾量的比值，用 K_c 表示，见式（3.5）：

$$K_c = ET_c / ET_0 \tag{3.5}$$

式中：ET_0 为参考作物蒸发蒸腾量，mm/d；ET_c 为各生育阶段的作物需水量，mm/d；K_c 为作物系数，与作物的种类、品种、作物的群体、叶面积指数等因素有关。

不同灌水技术下核桃树全生育期作物系数 K_c 值见表 3.9。从表 3.9 可以看出，核桃树全生育期作物系数 K_c 总体上呈先增大后减小的趋势。一般情况是作物在生长初期作物系数较小（如萌芽期均值为 0.97），而在中期作物系数较大（作物的需水关键期，即硬核及油脂转化期均值为 1.20），后期又逐渐减小（成熟期均值为 1.03）。

表 3.9 各灌水技术不同生育期作物系数 K_c 值

处理	萌芽期	开花结果期	果实膨大期	硬核及油脂转化期	成熟期	全生育期
2g	0.80	0.91	0.90	0.92	0.86	0.88
3g	0.98	1.12	1.20	1.17	0.96	1.09
4g	0.97	1.15	1.17	1.20	0.94	1.09
xg	1.00	1.16	1.23	1.19	0.99	1.11
hg	1.17	1.36	1.32	1.21	1.09	1.23
FI	0.92	1.15	1.25	1.48	1.34	1.23
均值	0.97	1.14	1.18	1.20	1.03	1.10

3.5 灌水定额对成龄核桃树耗水特性的影响

3.5.1 灌水定额对成龄核桃树逐月日均耗水强度的影响

不同灌水定额下核桃树各月平均日耗水强度如图 3.28 所示。由图 3.28 可知，各灌水处理的核桃树月平均耗水强度 4—9 月均呈现出先增大后减小的趋势。结合核桃树的生育期及当地的气候特征，4 月初，核桃处于萌芽期、4 月下旬至 5 月初核桃逐渐进入开花结果期，在该生育阶段，地表裸露，此时农田耗水主要以地表蒸发为主，耗水强度的大小主要依赖于气象条件。因此，此时月平均耗水强度变化不是很剧烈。当进入 5 月后，阿克苏当地的日均气温逐渐升高，核桃树树叶逐渐展开，树冠逐渐形成，同时核桃幼果开始膨大，到 5 月中下旬新枝抽发，核桃树的蒸腾耗水能力逐渐增强，此时的农田耗水由地面蒸发过渡至棵间蒸发和植株蒸腾并进。各灌水处理的核桃树均表现出耗水强度较 4 月有一定程度的增加，各处理比前期耗水强度增加了 3.9%～7.9%。当进入 6 月后，核桃树逐渐进入硬核前期，此时是核桃树新梢生长最旺盛的时期，营养生长达到整个生育期的高峰，同时气温也比 5 月高，核桃树的耗水强度猛增，各处理耗水强度较 5 月增加了 14.3%～44.1%。进入 7 月后，核桃树逐渐进入硬核后期，核桃树新梢生长逐渐减缓，农田耗水以植株蒸腾为主，该阶段气温继续升高，各处理核桃树整体表现出耗水强度继续增加并达到整个生育期的峰值，7 月各处理核桃树的耗水强度较 6 月增加了 1.9%～8.2%。8—9 月，核桃树逐渐进入油脂转化期和成熟期，核桃树主要以生殖生长为主，该阶段气温逐渐下降，同时在该生育阶段采用人为控水促使同化产物更多地向核桃果实转化，以达到增产的目的，因此耗水强度逐渐减小。

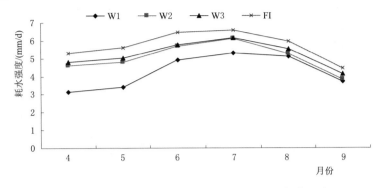

图 3.28　不同灌水定额下核桃树各月平均日耗水强度

随着灌水量的增加，各处理的耗水量也在增加，地面灌的耗水量最大，平均日耗水强度 5.45mm/d。微灌条件下，处理 3 的耗水量最大，平均日耗水强度 4.92mm/d；处理 1 的最小，平均日耗水强度 3.72mm/d；处理 2 的耗水量居中，平均日耗水强度 4.73mm/d。整体来看地面灌核桃树的月均耗水强度均大于微灌各处理；微灌各处理核桃树月均耗水强度随着灌水定额的增加，耗水强度也在逐渐增加。对于地面灌和微灌处理，地面灌耗水量均大于微灌，可能是地面灌处理更为广阔的根系分布和根系层深度内土壤全部湿润，导致耗水量较微灌各处理大。对于微灌各处理，主要是由于随着灌水定额的增加，地表湿润面积逐渐增大，在蒸腾耗水相近的同时，地表蒸发量增大导致了微灌各处理之间耗水强度产生了差异。

3.5.2　灌水定额对成龄核桃树耗水量及耗水模数的影响

整理 2010 年自动气象站的气象参数，利用 Penman - Monteith 公式计算试验地附近的参考作物蒸发蒸腾量 ET_0，得到 ET_0 与降雨量如图 3.29 所示。

对数据进行整理和分析，成龄核桃 2010 年 4—9 月累积耗水量及各生育期耗水量、耗水强度和耗水模数见表 3.10。

表 3.10　　　　　　　不同灌水定额下核桃树耗水量

处　理		生　育　期					累积耗水量
		萌芽期	开花结果期	果实膨大期	硬核及油脂转化期	成熟期	
W1	耗水量/mm	31.50	64.40	105.40	469.40	111.30	782.00
	耗水强度/(mm/d)	3.15	3.22	3.40	5.10	3.71	
	耗水模数/%	4.03	8.24	13.48	60.03	14.23	100.00

续表

处理		萌芽期	开花结果期	果实膨大期	硬核及油脂转化期	成熟期	累积耗水量
		生 育 期					
W2	耗水量/mm	46.20	94.20	148.80	523.16	114.90	927.26
	耗水强度/(mm/d)	4.62	4.71	4.80	5.69	3.83	
	耗水模数/%	4.98	10.16	16.05	56.42	12.39	100.00
W3	耗水量/mm	47.80	97.60	155.93	534.27	123.60	959.20
	耗水强度/(mm/d)	4.78	4.88	5.03	5.81	4.12	
	耗水模数/%	4.98	10.18	16.26	55.70	12.89	100.00
FI	耗水量/mm	53.10	110.60	173.60	581.93	133.50	1052.73
	耗水强度/(mm/d)	5.32	5.53	5.60	6.33	4.45	
	耗水模数/%	5.04	10.51	16.49	55.28	12.68	100.00
ET_0/mm		42.50	79.63	123.48	363.00	102.30	

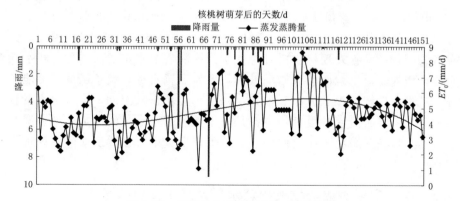

图 3.29　核桃树生育期的 ET_0 及降雨量

从表 3.10 可以看出，处理 1、处理 2、处理 3 和地面灌的核桃树全生育期的耗水量分别为 782mm、927.26mm、959.20mm、1052.73mm。核桃树耗水量随生育期的变化而不同，硬核及油脂转化期的耗水量最大，各处理分别为 469.4mm、523.16mm、534.27mm 和 581.93mm，对应各阶段耗水模数为 60.03%、56.42%、55.70% 和 55.28%。地面灌耗水量大于微灌的耗水量，微灌各处理随着灌水量的增加耗水量也在不断增加。

核桃树生育期耗水量、耗水模数总体上均为单峰曲线，表现为萌芽期、开花结果期、果实膨大期不断增长，在硬核期达到最大，果实成熟期又逐渐减小。分析认为，萌芽期核桃叶面还未伸展开来，其耗水量主要是棵间蒸发；到了开花结果期，核桃树地上部分营养生长迅速，叶面积快速增大，地下根系开始活动，耗水强度开始增加；到果实膨大期，生殖生长开始占主导因素，随着大气温度的不断升高，这时的耗水量比开花结果期略大；硬核期是核桃树生长的关键时期，核桃果实个体增大，树体对水分需求增大，此时气温达到全年最高、光照充足，作物叶面进行光合作用，蒸发蒸腾量达到最大；果实成熟期由于大部分果实已经成熟，核桃树叶面积不再增长，反而逐渐枯萎、脱落，大气温度也开始降低，耗水强度出现下降的趋势。

3.5.3　灌水定额对成龄核桃树作物系数 K_c 的影响

不同灌水定额下核桃树全生育期作物系数 K_c 值见表 3.11。从表 3.11 可以看出，核桃树全生育期作物系数 K_c 总体上呈中间大，两头小的变化趋势。一般情况下，核桃树在生长初期作物系数较小（如萌芽期均值为 1.05），而在中期作物系数较大（作物的需水关键期，即硬核及油脂转化期均值为 1.45），后期又逐渐减小（成熟期均值为 1.18）。

表 3.11　　　　不同灌水定额下核桃树全生育期作物系数 K_c 值

处理	萌芽期	开花结果期	果实膨大期	硬核及油脂转化期	成熟期	全生育期
W1	0.74	0.81	0.85	1.29	1.09	0.96
W2	1.09	1.18	1.21	1.44	1.12	1.21
W3	1.12	1.23	1.26	1.47	1.21	1.26
FI	1.25	1.39	1.41	1.60	1.30	1.39
均值	1.05	1.15	1.18	1.45	1.18	1.20

第4章 成龄核桃树生理指标变化特征研究

叶片是反映植物体内水分状况最为敏感的器官，叶温、叶水势、叶绿素和细胞液浓度均能及时、灵敏地反映出植物体内的水分状况。果树的产量和品质主要取决于冠层内叶片光合作用分布[222]。许多学者对粮食作物、蔬菜、果树等植物的光合生理都进行了深入研究[223-225]，但对微灌成龄核桃树的叶温、叶水势和光合特性等生理指标研究较少。本章主要研究不同灌水技术和灌水定额对核桃树叶温、叶水势、叶绿素、细胞液浓度和光合特性的影响，分析各生理指标的日变化、全生育期动态变化及净光合速率与主要环境因子之间的关系。

4.1 灌水技术对核桃树生理指标的影响

4.1.1 灌水技术对核桃树叶温的影响

4.1.1.1 灌水技术对不同生育期核桃树叶温日变化的影响

2009年不同生育期核桃树叶温日变化如图4.1所示，从图中发现，不同生育期，核桃树的叶温日变化趋势相同，均呈单峰曲线变化，从8：00开始，核桃树叶片温度缓慢上升，在16：00左右，地面灌和微灌核桃树叶温达到最大，然后逐渐下降，20：00的叶温均高于8：00。核桃树叶温在果实膨大期、硬核期、油脂转化期、成熟期分别为14.4～26.5℃、16.8～28.6℃、14.9～27℃、16.6～32.5℃。叶温可以间接反映植物的水分供应状况和叶片蒸腾作用的大小。叶片温度上升是受太阳辐射和周围气温升高所导致，叶片温度降低主要是由于叶面蒸腾耗水所导致，因此叶温越低说明叶面蒸腾强度越大，间接反映出植株水分供应状况越好。在各生育期内，微灌各处理核桃树叶温的平均值均低于地面灌，表明微灌各处理核桃树的水分供应状况优于地面灌。

4.1.1.2 灌水技术对全生育期核桃树叶温的影响

从图4.2（a）和（c）可以看出，2009年、2010年不同灌水技术下全生育期核桃树叶片温度的动态变化规律差异很大，但在同一观测年份内，各处理之间的核桃树叶温变化规律基本一致。分析认为年际间各处理叶温差异主要是由于年际间的气象差异所致，年际内叶温的差异可以反映不同灌水技术对叶温的影响。从图4.2（b）和（d）中可以看出，虽然连续两年的核桃树叶温在全生育

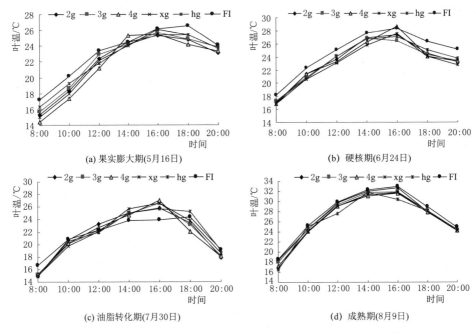

(a) 果实膨大期(5月16日)　　　　　　(b) 硬核期(6月24日)

(c) 油脂转化期(7月30日)　　　　　　(d) 成熟期(8月9日)

图 4.1　2009 年不同灌水技术下不同生育期核桃树叶温日变化

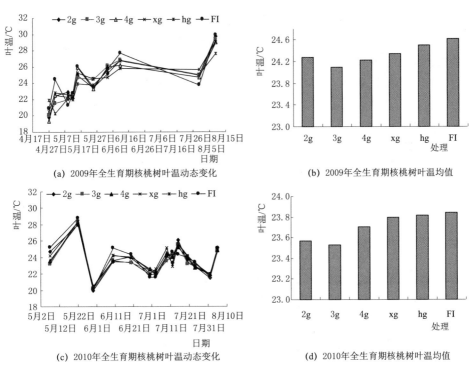

(a) 2009年全生育期核桃树叶温动态变化　　　(b) 2009年全生育期核桃树叶温均值

(c) 2010年全生育期核桃树叶温动态变化　　　(d) 2010年全生育期核桃树叶温均值

图 4.2　不同灌水技术下全生育期核桃树叶温动态变化

期内变化差异很大，但两年内不同灌水技术处理下核桃树叶温均值的变化规律基本一致：微灌各处理的核桃树叶温全生育期内的均值均低于地面灌，说明微灌各处理核桃树的水分供应状况优于地面灌；两年内，微灌各处理中全生育期平均叶温均表现出 3g 处理最低，表明 3g 处理的核桃树水分供应状况优于其他处理。

4.1.2　灌水技术对核桃树叶片叶绿素含量的影响

叶绿素是高等绿色植物进行光合作用的主要色素，叶绿素的功能体现在捕捉光能并将其转化为化学能储存在植株内的有机物中，对绿色植物的植株生长及产量形成具有十分重要的作用，叶绿素含量提高，有利于促进光合作用，含量低则光合作用也随之降低[226]。

在不同时期利用叶绿素仪测定各处理的核桃树叶片叶绿素含量，整个生育期测定结果如图 4.3 所示。通过图 4.3 发现，不同灌水技术下全生育期对核桃树叶片叶绿素含量测定的 SPAD 值在 47.1～53.2 之间变化，变化趋势基本一致，随生育期呈现单峰变化，各处理核桃树叶绿素含量均在 7 月下旬达到最大值后又逐渐下降，分析认为在核桃树的生育前期，当地核桃种植户会增施氮肥，从而促进核桃的营养生长，使核桃树尽快形成高大的树冠而捕获更多的光能，这一阶段核桃树灌水也较充足，叶绿素的合成速度快，使得核桃树叶片叶绿素含量增加。到 8 月后，核桃树开始控水，氮肥的使用量逐渐减小，同时气温较高，叶绿素的合成速度减慢，逐渐低于分解速度，使得核桃叶片中的叶绿素含量呈减小的趋势。核桃树叶片的叶绿素含量越高捕获的光能越多，这为核桃树硬核和最终获得高产奠定了非常有利的生理基础。微灌各处理的叶绿素含量均较地面灌溉大，说明微灌灌水频率的增加，使根区土壤水分始终维持在一个适宜的水平，有利于提高核桃树叶片的叶绿素含量。

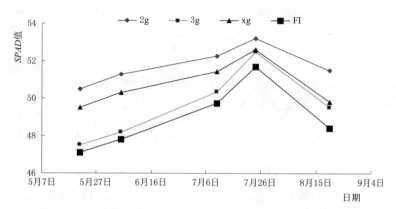

图 4.3　不同灌水技术下全生育期核桃树叶片叶绿素含量变化

4.1.3 灌水技术对核桃树叶片细胞液浓度的影响

4.1.3.1 灌水技术对核桃树叶片细胞液浓度日变化的影响

不同灌水技术下核桃树叶片细胞液浓度的日变化如图 4.4 所示，从图 4.4（a）中可以看出，晴天各处理核桃树叶片细胞液浓度变化规律相似，均呈现先增大后减小的趋势，叶片早晨和傍晚由于气温低、蒸腾耗水小，细胞液浓度低；中午由于温度高、蒸腾耗水量大，细胞液浓度最大值出现在 15：00 左右，所得结果与胡笑涛[227]研究成果相似。地面灌核桃细胞液浓度的日变化明显大于微灌，约 18.8%，分析认为微灌技术的土壤含水量绝大多数情况下比地面灌溉的高，因此叶片的含水量也高于地面灌，所以地面灌的细胞液浓度高于微灌各处理。从图 4.4（b）中可以看出，阴天情况下核桃树叶片细胞液浓度变化规律相似，均呈现双峰曲线，峰值出现在 11：00 和 15：00，最小值出现在 13：00。

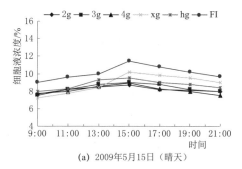
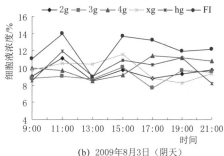

(a) 2009年5月15日（晴天）   (b) 2009年8月3日（阴天）

图 4.4 不同灌水技术下核桃树叶片细胞液浓度日变化

4.1.3.2 灌水技术对全生育期核桃树叶片细胞液浓度变化的影响

由图 4.5（a）可知，不同灌水技术对全生育期核桃树叶片细胞液浓度的动态变化影响基本一致：均随着灌水呈现出明显的涨落，每次灌水前由于土壤含水量下降，核桃树根系从土壤里获取水分困难，因此表现出植株体内细胞液浓度增大，从而产生更大的水势梯度。反之，灌水后由于土壤水分供应充足，叶片的细胞液浓度就呈现下降趋势。从图 4.5（a）可以发现，整个观测时段内，地面灌核桃叶片细胞液浓度均高于微灌处理，全生育期叶片细胞液浓度较微灌提高 13.2%，分析认为地面灌灌水次数共 6 次，而微灌灌水次数共计 13 次，微灌小定额、高频次的灌溉方式可以使土壤始终保持湿润状态，所以地面灌的细胞液浓度高于微灌各处理。从图 4.5（b）中容易发现，微灌各处理核桃树细胞液浓度均低于地面灌，在微灌不同灌水技术处理中，3 管的核桃树细胞液浓度最小，表明核桃微灌采用 3 管布置，能够使核桃树细胞液浓度维持在较高的状态。

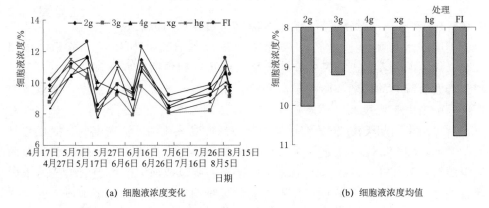

(a) 细胞液浓度变化　　　　　　　　　　(b) 细胞液浓度均值

图 4.5　不同灌水技术下全生育期核桃树叶片细胞液浓度的动态变化（2009 年）

4.1.4　灌水技术对核桃树叶片叶水势的影响

4.1.4.1　灌水技术对核桃树叶片叶水势日变化的影响

从图 4.6 中可以看出，无论是阴天还是晴天，不同灌水技术下核桃树叶片叶水势变化规律相似，均呈单峰曲线变化，早晨空气湿度大，太阳辐射弱，叶

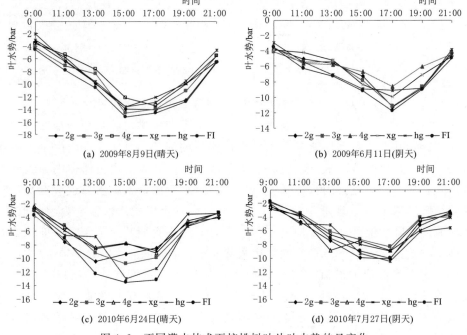

(a) 2009年8月9日(晴天)　　　　　　　　(b) 2009年6月11日(阴天)

(c) 2010年6月24日(晴天)　　　　　　　　(d) 2010年7月27日(阴天)

图 4.6　不同灌水技术下核桃树叶片叶水势的日变化

片蒸腾作用不显著，所以表现出较高的叶水势；随着时间的推移，太阳辐射不断加强，同时气温不断升高，叶片蒸腾开始增大，为满足植株的蒸腾耗水，叶水势逐渐下降，从而形成较大的水势梯度，在正午叶水势降至最低；而后随着温度的降低，蒸腾减弱以降低其耗水，核桃树体内水分开始得到缓和，叶水势不断升高。阴天和晴天峰值出现的时间不一样；阴天时光照少，蒸腾减弱，推迟了峰值的时间，峰值出现在 17：00；晴天时温度从早晨不断升高，到 15：00 达到最高，而后降低，峰值出现在 15：00。阴天和晴天，地面灌核桃树叶水势明显低于微灌，阴天较微灌小 8.6％，晴天较微灌小 16.2％。分析认为，微灌灌水次数大于地面灌，这样微灌的土壤含水量始终比地面灌的高，所以地面灌的叶水势低于微灌各处理；阴天由于大气温度变化小，地面灌和微灌的耗水变化不大，叶水势的变化量差异不明显，而晴天由于大气温度变化大，地面灌溉和微灌的耗水变化较大，叶水势的变化量差异明显。

4.1.4.2 灌水技术对全生育期核桃树叶片叶水势动态变化的影响

从图 4.7（a）和（c）可以看出，2009 年和 2010 年全生育期核桃树叶片叶水势变化规律不尽相同，但各处理核桃树叶水势在年际内变化趋于一致。在连续两年的观测中，各处理核桃树叶片叶水势均表现出生育前期和后期叶水势大，

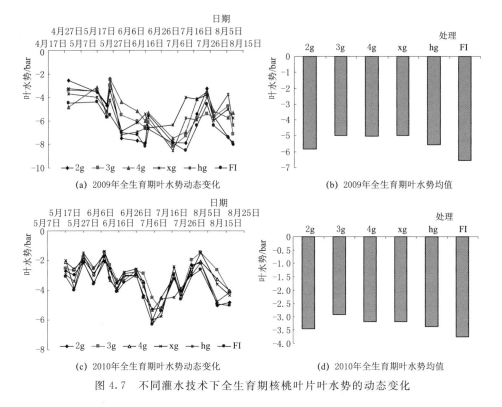

图 4.7 不同灌水技术下全生育期核桃叶片叶水势的动态变化

生育中期叶水势相对较小。可能的原因是在核桃生育前期气温较低，核桃树叶片的蒸腾耗水相对较小，所以核桃树叶片水分状况较好。在生育中期，由于营养生长和生殖生长均达到全年的峰值，同时周围环境温度基本上处于全年最高，核桃树叶片蒸腾量也较大，再加上人为控水调节核桃树的营养生长，促使光合的同化产物更多地向生殖生长转化，从而出现了生育中期叶水势相对较低的情况。生育后期气温逐渐下降，核桃树的营养生长和生殖生长均有较大幅度的减弱，因此各处理核桃树叶水势较生育中期有所降低。从图4.7（b）和（d）中容易发现，两年中，微灌各处理核桃树叶水势均高于地面灌，在微灌不同灌水技术处理中，3管的核桃树叶水势均最大，表明核桃微灌采用3管布置能够使核桃树叶水势维持在较高的状态，即3管布置时核桃树的水分供应状况最佳。

4.1.5　灌水技术对核桃树光合指标的影响

4.1.5.1　灌水技术对核桃树光合特性日变化的影响

1. 对核桃园环境因子日变化的影响

从图4.8可以看出，各灌水技术核桃园的温度、湿度变化规律基本一致。其中在9：00—11：00和17：00—21：00，微灌的平均冠层空气温度比地面灌分别低0.82℃和1.32℃；而在15：00达到最大值时，微灌条件下核桃树平均空气温度比地面灌低1.12℃。在9：00—11：00和17：00—21：00，微灌的平均冠层空气相对湿度比地面灌分别高4.6％和3.5％；而在15：00达到最低值时，微灌条件下核桃园内平均相对湿度要比地面灌提高3.9％。核桃树采用微灌较地面灌更能提高核桃园的空气湿度，降低空气温度。

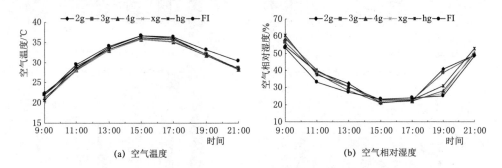

图4.8　不同灌水技术下核桃园空气温度和空气相对湿度的日变化

2. 对核桃树净光合速率日变化的影响

由图4.9可知，各处理核桃树叶片的净光合速率日变化规律基本一致：一日内有两个峰值出现。从9：00—11：00，随着太阳辐射强度的增加，光合速率迅速增大；从11：00—13：00，光合速率增长缓慢；在13：00达到一天中的最大值；从 13：00—15：00，由于温度和太阳辐射达到一日内的峰值，核桃树叶片的蒸腾速率也达到峰值，此时为保证核桃树体的水分平衡，叶片气孔适度关闭导致核桃树光合速率表现出下降趋势，光合作用呈现出"午休"现象，结果与王颖等[157]的关于红枣光合特性的研究结论一致。从 15：00—17：00 光合速率在经历"午休"后逐渐增大，并在 17：00 前后出现一日中的次峰值，随后随着太阳辐射的逐渐减弱光合速率也逐渐减小。整体来看，微灌各处理的核桃树日均净光合速率较地面灌提高了 22.8%。其中，微灌处理中的 3 管处理核桃树光合速率的最大值为 $16.96\mu molCO_2/(m^2 \cdot s)$，"午休"阶段的光合速率为 $15.23\mu molCO_2/(m^2 \cdot s)$，为最大值的 89.8%，次峰值为 $16.03\mu molCO_2/(m^2 \cdot s)$，为最大值的 94.5%。地面灌处理核桃树光合速率最大值为 $14.66\mu molCO_2/(m^2 \cdot s)$，"午休"阶段的光合速率为 $12.03\mu molCO_2/(m^2 \cdot s)$，为最大值的 82.1%；次峰值为 $13.05\mu molCO_2/(m^2 \cdot s)$，为最大值的 89.1%。光合作用日变化表明，3 管处理的光合速率两次峰值明显高于地面灌，波谷下降幅度小于地面灌，即核桃树应用微灌技术后有助于减轻光合"午休"，其中，3 管处理的光合"午休"最弱，净光合速率更高。

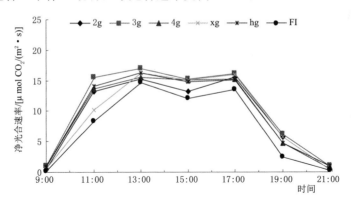

图 4.9　不同灌水技术下核桃树净光合速率日变化

3. 对核桃树气孔导度日变化的影响

叶片气孔是叶面蒸腾的重要水分通道，气孔导度是衡量气孔张开程度的重要指标。空气温度、湿度等环境因素对气孔导度的影响很大，适宜的外界环境有利于气孔开张，降低气孔阻力，增大气孔导度，在土壤水分充足时，植物为降低叶片温度，通过叶片的蒸腾耗水带走大部分热量，从而使叶片温度维持在较适宜的范围[228]。如图 4.10 所示，当蒸腾耗水远大于根系供水时，叶片气孔就会适度关闭，以减少叶片的水分散失，从而导致了在正午高温时期气孔导度有所下降。由图 4.10 中还可以发现，各处理核桃树叶片气孔导度均呈双峰曲线。两次峰值分别在 13：00 和 17：00 出现，微灌条件下核桃树叶片的气孔导度明显大于地面灌，较地面灌平均提高了 22.2％。微灌 3 管处理的气孔导度均高于其他灌溉技术，与刘国顺等[229]的研究结果一致。

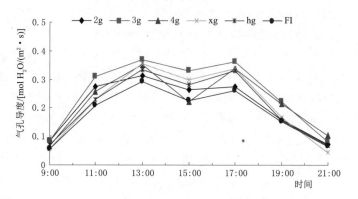

图 4.10　不同灌水技术下核桃树气孔导度日变化

4. 对核桃树蒸腾速率日变化的影响

由图 4.11 可知，各处理核桃树蒸腾速率日变化规律相似，均呈单峰曲线。总体表现为微灌各处理的蒸腾速率均高于地面灌，特别是 3 管处理均高于其他灌溉技术。15：00 以前，随着太阳辐射的增强，温度的升高，核桃蒸腾速率迅速增加，并在 15：00 达到最大，随后几乎以相同的速率降低，可能是因为该阶段太阳辐射强度逐渐减弱，温度逐渐降低，湿度逐渐增大，从而导致了核桃树蒸腾速率的下降。微灌技术的平均蒸腾速率比地面灌提高了 22.3％，3 管处理的峰值比地面灌溉高 30.1％。

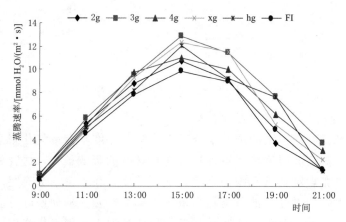

图 4.11　不同灌水技术下核桃树蒸腾速率日变化

5. 对核桃叶片胞间 CO_2 浓度日变化的影响

胞间 CO_2 浓度是光合生理研究中经常用到的一个参数，它能够间接反映绿色高等植物叶片光合作用和呼吸作用的强弱，当光合作用占优势、呼吸作用较弱时胞间 CO_2 浓度会降低，反之会升高。由图 4.12 表明，各处理核桃树叶片的胞间 CO_2 浓度日变化规律相同，均呈现 U 形的变化，胞间 CO_2 浓度在 9：00—11：00 下降速度较快，11：00—15：00 缓慢下降，在 15：00 左右达到最低值，而后又逐渐升高，19：00—21：00 升高速度较快。总体表现为微灌技术的胞间 CO_2 浓度均低于地面灌，特别是 3 管处理均低于其他灌溉技术。微灌技术的平均胞间 CO_2 浓度比地面灌降低了 8.2%，3 管处理的最小值比地面灌低 7.2%。

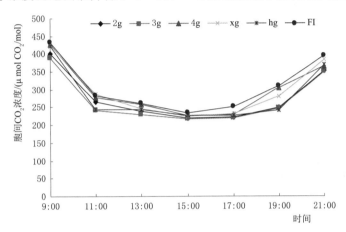

图 4.12　不同灌水技术下核桃树叶片胞间 CO_2 浓度日变化

6. 对核桃树叶片水分利用效率日变化的影响

水分利用率 WUE 的计算公式为

$$WUE = P_n / T_r \tag{4.1}$$

式中：P_n 为净光合速率，$\mu mol CO_2/(m^2 \cdot s)$；$T_r$ 为蒸腾速率，$mmol H_2O/(m^2 \cdot s)$。

叶片水分利用效率（WUE）是指植物每蒸腾单位质量水的同时光合作用所消耗 CO_2 的量，能准确地反映植物生长过程中叶片在某一瞬间对 CO_2 的同化效率。由图 4.13 可以看出，各处理核桃树叶片 WUE 日变化均呈双峰曲线，在 9：00 由于太阳辐射强度很弱，温度较低，叶片的 WUE 很低，日出后随着太阳辐射逐渐增强，光合速率的快速增大使 WUE 在 11：00 左右达到一日内的最大值，而后水分利用效率开始下降，到 15：00 WUE 最低，随后有所回升，并在 17：00 达到一日的次峰值，随后继续下降。微灌的 WUE 明显高于地面灌，较地面灌处理的平均提高了 15.5% 左右，这表明在微灌条件下核桃树叶片的 WUE 要高于地面灌，其中，3 管处理的水分利用效率最高。

4.1.5.2　核桃树叶片净光合速率与影响因子间的相关性

不同微灌技术核桃树叶片净光合速率的变化趋势基本一致，这里只选取微

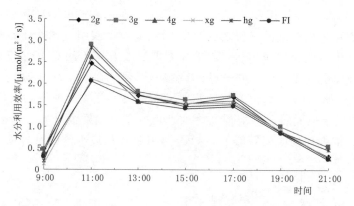

图 4.13 不同微灌技术下核桃树叶片水分利用效率的日变化

灌 3 管与地面灌进行相关性分析。

1. 核桃树叶片净光合速率与空气温度的相关性

由图 4.14 可知，微灌 3 管和地面灌处理的核桃树叶片净光合速率与空气温度呈正相关关系，其中微灌 3 管条件下 $R^2 = 0.6932$，地面灌条件下 $R^2 = 0.5199$。

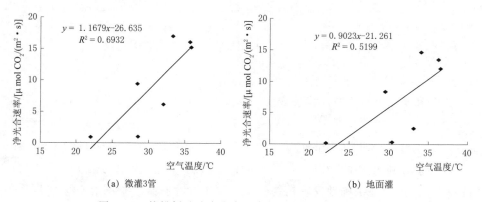

(a) 微灌3管   (b) 地面灌

图 4.14 核桃树叶片净光合速率与空气温度的相关关系

2. 核桃树叶片净光合速率与空气相对湿度的相关性

由图 4.15 可知，微灌 3 管和地面灌处理的核桃树叶片净光合速率与空气相对湿度的日变化趋势均呈负相关关系，其中微灌 3 管条件下 $R^2 = 0.9004$，地面灌条件下 $R^2 = 0.5888$。

3. 核桃树叶片净光合速率与气孔导度的相关性

由图 4.16 可知，微灌 3 管和地面灌处理的核桃树叶片净光合速率与气孔导度的日变化趋势均有很强的正相关关系，当气孔导度增大时，叶片净光合速率相应增大。其中微灌 3 管条件下 $R^2 = 0.9387$，地面灌条件下 $R^2 = 0.9352$。

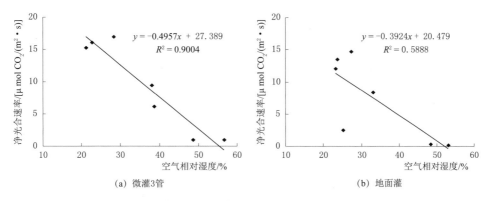

图 4.15　核桃树叶片净光合速率与空气相对湿度的相关关系

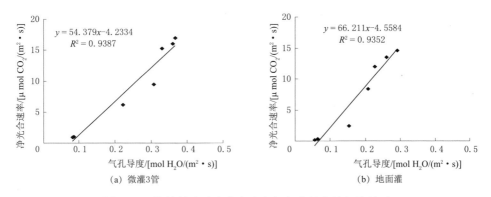

图 4.16　核桃树叶片净光合速率与气孔导度的相关关系

4. 核桃树叶片净光合速率与蒸腾速率的相关性

由图 4.17 可知，微灌 3 管和地面灌处理的核桃树净光合速率与蒸腾速率呈正相关关系，其中微灌 3 管条件下 $R^2=0.8152$，地面灌条件下 $R^2=0.83$。

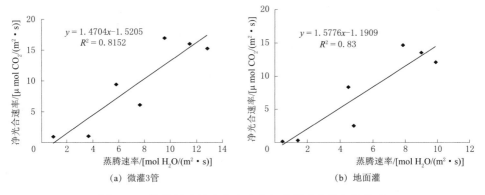

图 4.17　核桃树叶片净光合速率与蒸腾速率的相关关系

5. 核桃树叶片净光合速率与胞间 CO_2 浓度的相关性

由图 4.18 可知，微灌 3 管和地面灌处理的核桃树叶片净光合速率与胞间 CO_2 浓度的日变化趋势均呈显著的负相关关系，其中微灌 3 管条件下 $R^2 = 0.7817$，地面灌条件下 $R^2 = 0.806$。

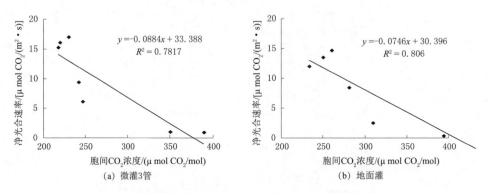

图 4.18　核桃树叶片净光合速率与胞间 CO_2 浓度的相关关系

6. 核桃树叶片净光合速率与水分利用效率的相关性

由图 4.19 可知，微灌 3 管和地面灌处理的核桃树叶片净光合速率与水分利用效率的日变化趋势均呈正相关关系，其中微灌 3 管条件下 $R^2 = 0.5804$，地面灌条件下 $R^2 = 0.6717$。

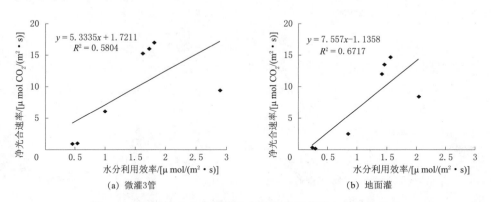

图 4.19　核桃树叶片净光合速率与水分利用效率的相关关系

7. 核桃树叶片净光合速率与影响因子的相关性

各处理的大气温度（T_a）、空气相对湿度（RH）、净光合速率（P_n）、蒸腾速率（T_r）、气孔导度（G_s）、胞间 CO_2 浓度（C_i）和水分利用效率（WUE）的日变化趋势基本一致，这里只选取微灌 3 管灌溉的净光合速率与其他影响因子进行相关性分析，具体见表 4.1。

表 4.1　　　　　　　　　　核桃树净光合速率与影响因子相关分析

影响因子	相关方程	R	F	Sig
T_a	$P_n = -26.635 + 1.167 T_a$	0.693	11.298	0.020
RH	$P_n = 27.389 - 0.496 RH$	0.901	45.185	0.001
G_s	$P_n = -4.233 + 54.379 G_s$	0.939	76.552	0.000
T_r	$P_n = -1.521 + 1.47 T_r$	0.815	22.05	0.005
C_i	$P_n = 33.388 - 0.089 C_i$	0.782	17.906	0.008
WUE	$P_n = 1.721 + 5.334 WUE$	0.430	3.778	0.0100

从表 4.1 可以看出，核桃叶片净光合速率与空气温度呈正相关，与蒸腾速率和气孔导度呈极显著正相关，与水分利用效率呈现较弱的正相关，与空气相对湿度呈极显著负相关，与胞间 CO_2 浓度呈现负相关。由于水分利用效率其显著性不强，对剩下的 5 个自变量与净光合速率之间进行通径分析，具体见表 4.2。

表 4.2　　　　　　　　　核桃树净光合速率与影响因子的通径分析

影响因子	直接作用系数	间 接 作 用 系 数				
		T_a	RH	G_s	T_r	C_i
T_a	0.092	—	0.196	0.224	0.153	0.113
RH	−0.206	−0.087	—	−0.258	−0.155	−0.118
G_s	0.280	0.074	0.190	—	0.136	0.121
T_r	0.157	0.089	0.204	0.243	—	0.116
C_i	−0.128	−0.081	−0.191	−0.265	−0.143	—

从表 4.2 可以看出，影响核桃树净光合速率最大的是气孔导度（G_s）和空气相对湿度（RH），其次是蒸腾速率（T_r）、胞间 CO_2 浓度（C_i）和大气温度（T_a）。由于大气温度（T_a）的直接作用系数均小于间接作用系数，说明大气温度对净光合速率主要起间接作用，所以可以剔除大气温度这个影响参数。

为了更好地说明净光合速率与影响因子之间的相互关系，对同步测定的核桃树净光合作用与影响因子进行回归分析，并建立了微灌 3 管灌水处理核桃树净光合速率与影响因子之间的回归方程：

$$P_n = 11.391 - 0.119 RH + 16.153 G_s + 0.3 T_r - 0.015 C_i$$
$$(R = 0.9958, F = 118.891, P = 0.008 < 0.01)$$

通过显著水平 $P = 0.01$ 的检验，说明回归方程拟合有效。

4.2　灌水定额对核桃树生理指标的影响

4.2.1　灌水定额对核桃树叶温的影响

4.2.1.1　对核桃树叶温日变化的影响

不同灌水定额核桃树叶温日变化如图 4.20 所示。由图可以看出，微灌三种处理的叶温均低于地面灌，这是由于微灌是适时适量的灌溉，土壤水分始终保持湿润，叶温则低；地面灌后长时间不灌水，使土壤水分出现亏缺，在低水分条件下，蒸腾会减少，叶片温度相应上升，叶温则高，因此地面灌的核桃叶温高于微灌的叶温。

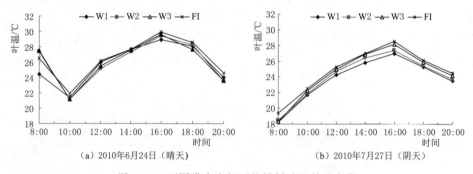

（a）2010年6月24日（晴天)　　　　（b）2010年7月27日（阴天)

图 4.20　不同灌水定额下核桃树叶温的日变化

图 4.20（a）核桃树叶温显示，由于天气的原因，核桃叶温从 8：00 开始逐渐下降，直到 10：00 左右天气有所好转，核桃树叶温随大气温度增强而迅速升高，到达 16：00 左右，地面灌和微灌核桃叶温达到最大，地面灌为 29.9℃，微灌为 29.3℃，16：00 以后逐渐降低。

图 4.20（b）核桃树叶温显示，一天中受日照和气温影响，早晚太阳辐射弱，从早晨 8：00 开始核桃树叶温随太阳辐射的增强而迅速升高，到达 16：00 左右，地面灌和微灌核桃树叶温达到最大，地面灌溉为 28.5℃，微灌为 27.5℃，随太阳辐射强度的降低，叶温开始迅速下降，20：00 的叶温均高于早晨 8：00。

4.2.1.2　对全生育期核桃树叶温的影响

从图 4.21（a）可以看出，不同灌水定额核桃叶温全生育期的动态变化规律基本一致，呈多峰形。全生育期内核桃树叶温的变化并未呈现简单的递增或先增后减的趋势，5 月初核桃树叶温先增加，5 月 22 日—6 月 1 日迅速降低。可能的原因是核桃树叶温主要受周围气温影响，波动剧烈。查阅该日的气象数据发现叶温出现最低点的日最高气温较前一日下降了 9.2℃，能够很好地解释生育期内核桃树叶温波动剧烈的现象。为了更好地探讨不同灌水定额对全生育期核桃树叶温的影响，全生育期各处理核桃树叶温的均值如图4.21（b）所示。从图中可以看出，不同灌水定额下核桃树叶温大小为FI＞W3＞W1＞W2，微灌各处理的平均叶温均较地面灌低，说明核桃树应用微灌技术后，水分供应状况优于地面灌处理。在微灌处理中，随灌水定额增大，核桃树平均叶温先减小后增大，其中W2处理的平均叶温最低，说明微灌处理中W2处理的核桃树水分供应情况最佳。

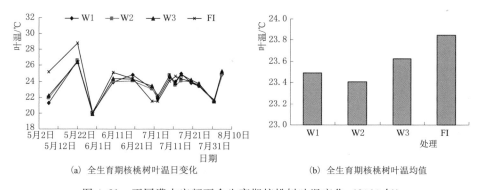

(a) 全生育期核桃树叶温日变化　　　　　　(b) 全生育期核桃树叶温均值

图4.21　不同灌水定额下全生育期核桃树叶温变化（2010年）

4.2.2　灌水定额对核桃树叶片叶水势的影响

4.2.2.1　对核桃叶水势日变化的影响

成龄核桃树在不同灌水定额下叶水势的日变化，如图4.22所示。核桃树叶水势日变化表现为早晨和傍晚高、午间最小。叶水势最大值出现在9：00，最小值出现在15：00，晴天叶水势均值微灌为−6.7bar，地面灌−8.3bar；阴天叶水势均值微灌为−5.4bar，地面灌−5.7bar。无论是晴天还是阴天微灌的叶水势均大于地面灌，主要是由于微灌灌水频率高于地面灌，土壤总是维持一个较高的土壤水势环境，根据土壤-植物-大气连续体（Soil - Plant - Atmosphere Continuum，SPAC）理论，叶水势较高，地面灌灌水周期较长，在灌水后期可能受到水分胁迫影响，土壤水势降低，相应叶水势也较低；同时晴天的叶水势低于阴天，主要是由于晴天的太阳辐射强度高于阴天，加速了核桃树叶片的蒸腾，土壤水分可能在此时不能完全供给叶面蒸腾，引起叶片气孔关闭，从而导致核桃树叶片水势的下降。

4.2.2.2　对全生育期核桃树叶水势的影响

从图4.23（a）可以看出，不同灌水定额下全生育期核桃叶片叶水势的变化规律基本一致，呈多峰曲线。生长初期由于气温低，蒸腾耗水少，叶水势高，从生长初期到生长旺季，随着气温升高，蒸腾耗水不断增强，叶水势不断降低，核桃树需要吸收更多的水分来满足蒸腾耗水，并且在实际生产中，7月中旬对核

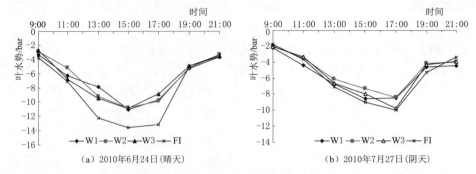

图 4.22　不同灌水定额下核桃树叶水势日变化

桃树进行人为控水以促使光合产物更多地向生殖生长转化，减少新枝萌发而导致核桃减产。

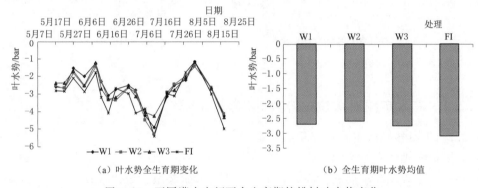

图 4.23　不同灌水定额下全生育期核桃树叶水势变化

从图 4.23（b）中可以看出，不同灌水定额下全生育期核桃树叶水势均值大小为 W2＞W1＞W3＞FI，微灌各处理的平均叶水势均高于地面灌，说明核桃树应用微灌技术后，水分供应状况优于地面灌。在微灌处理中，随灌水定额增大核桃树平均叶水势先增大后减小，其中 W2 处理的平均叶水势最大，说明微灌处理中 W2 处理的核桃树水分供应情况最佳。

4.2.3　灌水定额对核桃树光合指标的影响

4.2.3.1　对核桃树光合指标日变化的影响

1. 对核桃园环境因子日变化的影响

各处理核桃树冠层空气温度和相对湿度的变化规律相似（图 4.24）。在 9：00—11：00 和 17：00—21：00，微灌的平均冠层空气温度比地面灌分别低 2.38℃和 2.5℃，而在 15：00 达到最大值，微灌条件核桃树平均空气温度要比地面灌低 2.72℃。在 9：00—11：00 和 17：00—21：00，微灌的平均冠层空气相对湿度比地面灌分别高 9.98％和 7.49％，而在 15：00 达到最低值，两者几乎相近；微灌条件下核桃树平均相对湿度要比地面灌高 7.94％。分析认为可能是灌水定额不同形成了不同的土壤水分供应状况及空气湿度，引起空气温度的变化，表明核桃树采用微灌较地面灌有助于改善核桃园的小气候。

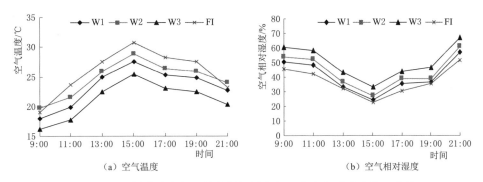

（a）空气温度   （b）空气相对湿度

图 4.24　不同灌水定额下核桃树冠层空气温度和相对湿度的日变化

2. 对核桃树净光合速率日变化的影响

净光合速率体现了植物体对有机物的累积，它的日变化取决于光合作用和呼吸消耗之间的动态平衡。由图 4.25 可以看出，各处理核桃树叶片的净光合速率日变化规律相似，一日内有两个峰值。从 9：00—13：00，光合速率的增加速度先快后慢，到 13：00 达到一日中的最大值，15：00 核桃光合速率降低，呈现明显的"午休"现象。从 15：00—17：00 光合速率略有增加，到 17：00 出现一日中的次峰值，随后光合速率又缓慢减小。微灌比地面灌的平均净光合速率提高了 17.3％。

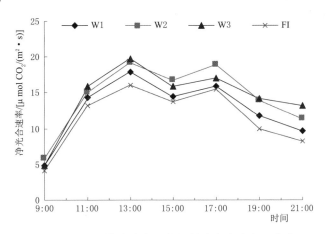

图 4.25　不同灌水定额下核桃树净光合速率日变化

3. 对核桃树气孔导度日变化的影响

叶片通过气孔与外界环境进行物质与能量交换，植物的蒸腾和光合作用受气孔的影响很大，气孔导度是衡量气孔开闭程度的重要指标。由图 4.26 可以看出，各灌水处理的核桃树叶片气孔导度变化规律相似，均呈 M 形曲线变化。气孔导度的两个峰值分别出现在 13：00 和 17：00，微灌各处理核桃树叶片的气孔导度较地面灌大，平均增加了 35.2%。

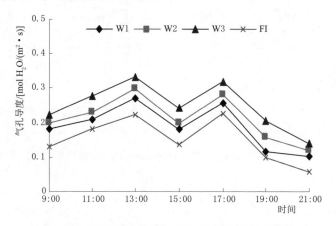

图 4.26　不同灌水定额下核桃树气孔导度日变化

4. 对核桃树蒸腾速率日变化的影响

图 4.27 表明，各处理核桃树的蒸腾速率日变化规律相似，呈现先增大后减小的变化趋势。在日出后随太阳辐射逐渐增强，温度逐渐升高，相对湿度逐渐减小，核桃树叶片的气孔导度逐渐增加，蒸腾速率迅速增大，在 15：00 左右蒸腾速率达到一日中的最大值，其中 9：00—11：00 蒸腾速率增加最快；15：00以后蒸腾速率逐渐下降，直至 18：00 随着气温和光强的降低蒸腾速率开始随之

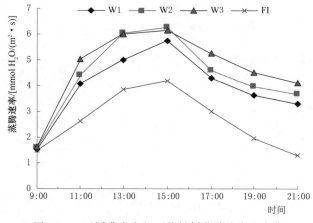

图 4.27　不同灌水定额下核桃树蒸腾速率日变化

快速下降。各灌水处理蒸腾速率按从大到小的顺序排列：W3＞W2＞W1＞FI，与灌水量大小排列相一致，表明核桃树蒸腾速率受到灌水定额的影响，微灌处理的核桃叶片的蒸腾速率较地面灌处理的平均提高了39.2%。

5. 对核桃树叶片胞间 CO_2 浓度日变化的影响

胞间 CO_2 浓度是光合生理研究中经常用到的一个参数。图4.28表明，不同微灌灌水定额和地面灌条件下核桃树叶片的胞间 CO_2 浓度日变化规律相同，均呈现U形变化。胞间 CO_2 浓度在9：00—15：00逐渐下降，在15：00左右达到最低值，而后又逐渐升高。总体趋势表现为微灌技术的胞间 CO_2 浓度均低于地面灌，微灌技术的平均胞间 CO_2 浓度比地面灌降低了14.9%。

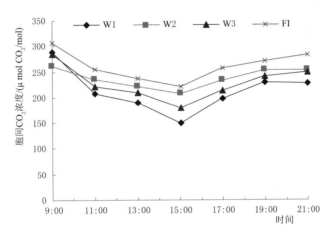

图4.28　不同灌水定额下核桃树叶片胞间 CO_2 浓度日变化

6. 对核桃树叶片水分利用效率日变化的影响

由图4.29可以看出，各处理核桃树叶片的水分利用效率（WUE）日变化均呈双峰曲线，早晨和傍晚的WUE低，原因是早晨和傍晚的太阳辐射较弱，光合速率相对较低，因此WUE也较低。9：00，由于太阳刚刚升起，太阳辐射小，表现出WUE低，之后随太阳辐射增强、温度升高，光合速率也随着增大，此阶段蒸腾速率增大速率较光合作用增大速率慢，在11：00前后各处理核桃树的WUE达到全天的最大值，随后，随着气温不断升高、湿度不断降低，气孔逐渐关闭，WUE逐渐下降，到15：00降到最低，随时间的推移，WUE逐渐增大，并在17：00出现第2个峰值，随后缓慢下降。总体来看，微灌各处理核桃WUE明显高于地面灌，平均水分利用效率较地面灌提高了16.10%左右，表明在核桃树应用微灌技术后有利于提高叶片的水分利用效率。

4.2.3.2　核桃树叶片净光合速率与影响因子的相关性

由于不同微灌灌水定额的净光合速率变化趋势基本一致，这里只选取一种

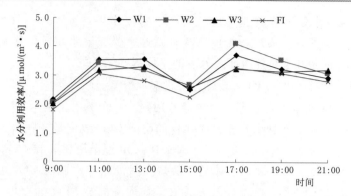

图4.29　不同灌水定额下核桃树叶片水分利用效率日变化

微灌处理W2与地面灌进行相关性分析。

1. 核桃树叶片净光合速率与空气温度的相关性

由图4.30看出，微灌和地面灌条件下核桃树叶片净光合速率与空气温度的日变化趋势均呈正相关关系，其中微灌条件下 $R^2 = 0.5556$，地面灌条件下 $R^2 = 0.6237$。

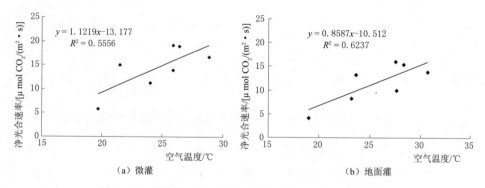

图4.30　核桃树叶片净光合速率与空气温度的相关关系

2. 核桃树叶片净光合速率与空气相对湿度的相关性

由图4.31看出，微灌和地面灌条件下核桃树叶片净光合速率与空气相对湿度的日变化趋势均呈负相关关系，其中微灌条件下 $R^2 = 0.4968$，地面灌条件下 $R^2 = 0.485$。

3. 核桃树叶片净光合速率与气孔导度的相关性

由图4.32可以看出，微灌和地面灌条件下核桃树叶片净光合速率与气孔导度的日变化趋势均有很强的正相关关系，当气孔导度增大时，叶片净光合速率相应增大。其中微灌条件下 $R^2 = 0.7009$，地面灌条件下 $R^2 = 0.6761$。

4. 核桃树叶片净光合速率与蒸腾速率的相关性

由图4.33可以看出，微灌和地面灌条件下核桃树净光合速率与蒸腾速率呈

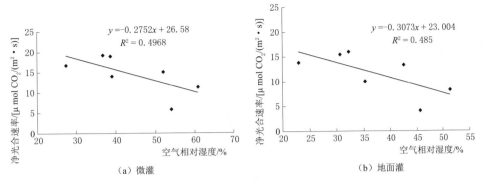

图 4.31　核桃树叶片净光合速率与空气相对湿度的相关关系

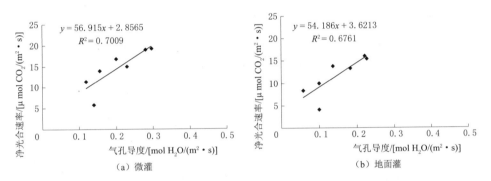

图 4.32　核桃树叶片净光合速率与气孔导度的相关关系

正相关，其中微灌条件 $R^2=0.7995$，地面灌条件下 $R^2=0.6943$。

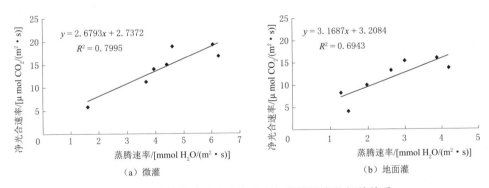

图 4.33　核桃树叶片净光合速率与蒸腾速率的相关关系

5. 核桃树叶片净光合速率与胞间 CO_2 浓度的相关性

由图 4.34 可以看出，微灌和地面灌条件下核桃树叶片净光合速率与胞间 CO_2 浓度的日变化趋势均呈负相关关系，其中微灌条件下 $R^2=0.6218$，地面灌

条件下 $R^2 = 0.7806$。

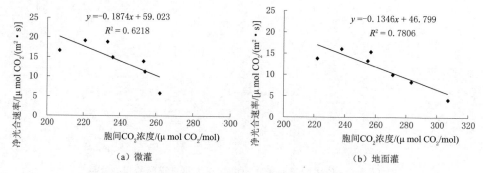

图 4.34　核桃树叶片净光合速率与胞间 CO_2 浓度的相关关系

6. 核桃树叶片净光合速率与水分利用效率的相关性

由图 4.35 可以看出，微灌和地面灌条件下核桃树叶片净光合速率与水分利用效率的日变化趋势均呈正相关关系，其中微灌条件下 $R^2 = 0.4933$，地面灌条件下 $R^2 = 0.4728$。

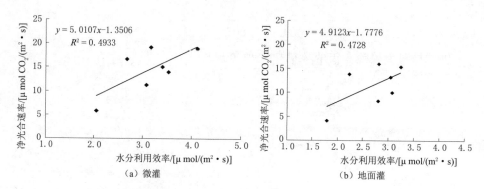

图 4.35　核桃树叶片净光合速率与水分利用效率的相关关系

第5章 微灌核桃树水肥耦合效应研究

5.1 试验区概况及试验设计

5.1.1 试验区概况

试验区位于阿克苏市红旗坡十队新疆农业大学林果实验基地内，距市区 13km，地理位置为东经 $80°14'$、北纬 $41°16'$，海拔 1133m。地处天山托木尔峰南麓，塔里木盆地北缘，属温带大陆性气候，年均太阳总辐射量 5671.36W/m²，多年平均年日照时数 2911h，无霜期达 212d，多年平均降水量 68.4mm，多年平均气温 11.2℃，极端高温高达 40.9℃，极端低温达到 −27.4℃。

5.1.2 试验设计及方法

供试材料为树龄 6 年的核桃树，种植规格株行距为 2m×3m。试验地块平整，核桃树长势一致，试验主要为灌水量、施肥量两因素三水平设计，灌水定额设定 3 个梯度（22.5mm，30.0mm，37.5mm），分别以 W1、W2 和 W3 表示；施肥（施氮量）设定 3 个水平：常规施肥量 0.5 倍（236.93kg/hm²）、常规施肥量（473.85kg/hm²）、常规施肥量 1 倍（947.7kg/hm²），分别以 F1、F2 和 F3 表示。各处理分别设 3 次重复，随机排列，共计 27 个处理。整个试验都是在水分监测条件下进行滴灌，肥料随水滴施。滴灌管采用补偿式滴灌管，滴头间距 0.5m，滴头流量 3.75L/h；每行树布置两根滴灌管，两根滴灌管分别位于树行两侧，距树 0.5m。

5.1.3 水肥试验设计

核桃树灌水和施肥试验设计见表 5.1、表 5.2。

表 5.1　　　　　　　　　　核桃树灌水试验设计

生育期	时　间	灌水日期	灌水周期/d	灌水次数	灌溉定额/mm		
					W1	W2	W3
萌芽期	4月5—14日	4月5日		1	75.0	75.0	75.0
开花结果期	4月15日—5月9日	4月30日	12	1	22.5	30.0	37.5

续表

生育期	时　间	灌水日期	灌水周期/d	灌水次数	灌溉定额/mm		
					W1	W2	W3
果实膨大期	5 月 10 日—6 月 2 日	5 月 17 日、5 月 25 日	8	2	22.5	30.0	37.5
硬核期	6 月 3 日—7 月 5 日	6 月 3 日、6 月 8 日、6 月 30 日	12	3	22.5	30.0	37.5
油脂转化期	7 月 6 日—8 月 31 日	7 月 26 日、8 月 10 日	12	2	22.5	30.0	37.5
冬灌	11 月 1—20 日	11 月 10 日		1	120.0	120.0	120.0
合计				10	375.0	435.0	495.0

表 5.2　　　　　　　　　　　核桃树施肥试验设计

生育期	时　间	施肥日期	F1/(kg/棵)			F2/(kg/棵)			F3/(kg/棵)		
			尿素	一胺	钾宝	尿素	一胺	钾宝	尿素	一胺	钾宝
开花结果期	4 月 15 日—5 月 9 日	4 月 30 日	0.45	0.20	0.40	0.90	0.40	0.40	1.80	0.80	0.40
果实膨大期	5 月 10 日—6 月 3 日	5 月 25 日	0.15	0.15	0.40	0.30	0.30	0.40	0.60	0.60	0.40
硬核期	6 月 4 日—7 月 5 日	6 月 30 日		0.20	0.40		0.40	0.40		0.40	0.40
油脂转化期	7 月 6 日—8 月 31 日	7 月 26 日		0.20	0.40		0.40	0.40		0.80	0.40
合计			0.6	0.75	1.60	1.20	1.50	1.60	2.40	3.00	1.60

5.1.4　试验测定项目

1. 土壤水分

在核桃树的株间设置两根 Trime 管，行间设置三根 Trime 管，在每次灌水前后利用管式 TDR，20cm 测定一次对 120cm 土层内土壤水分状况进行监测。

2. 灌水量

灌水量用水表控制，记录每个小区的灌水日期、灌水量。

3. 土壤养分

在生育初期，每个处理选取一个样树，共计 9 棵树，每次灌水前，在距样树 1m 处用土钻取土（取 100cm 土层深度，每 20cm 一层），将土样带回试验室分析每层土壤养分的含量。

4. 果实体积

果实体积的测定自坐果后开始，在样树东南西北 4 个方向各选取两个果实，每个处理 3 次重复，共 24 个果实，对选定的样果进行标记，用电子游标卡尺测量其纵径与横径，利用椭球公式计算核桃果实体积。

5. 叶绿素

每个水肥处理选定 3 棵核桃树，在核桃树体的东、西、南、北 4 个方向上各选择两片样片，使用叶绿素仪测定其含量，并将各处理叶片的叶绿素含量取平均值进行分析。

6. 叶面积指数（*LAI*）

在每株样树的东、南、西、北4个方向，用带有鱼眼镜头的单反相机拍摄冠层的图片，并将拍摄的图片导入 Hemiview2.1 软件中进行分析，获得 *LAI* 值。

7. 光合特性

利用英国产的 CIRAS－3 便携式光合作用测定系统测定核桃树叶片光合指标值，叶片室规格 18cm×25cm，自然采光。各处理选取长势较均匀的样树，在晴天进行观测。分别从核桃树冠外围中上部枝条上选取3片健康成熟的叶片进行光合特征参数测定。主要参数包括净光合速率（P_n）、蒸腾速率（T_r）、气孔导度（G_s）、胞间 CO_2 浓度（C_i）水分利用效率（*WUE*）等光合生理指标；环境因子主要测定光合有效辐射（*PAR*）、大气温度（T_a）、大气 CO_2 浓度和大气湿度等。计算气孔限制值 $L_s=(1-C_i)/C_a$。测定时间为 10：00—18：00，时间步长 2h，各取3组叶片进行测定，重复3次，结果取3组数据的均值。

8. 果实产量与品质

核桃收获后，每个处理随机选取3棵样树，数出果实个数，测定每棵样树的产量，并折算成公顷产量，每个处理并取出100颗核桃，去掉青皮测定单果重、出仁率、蛋白质及脂肪含量等指标。

5.1.5　技术路线图

通过考虑灌水、施肥两因素三水平试验设计，结合国内外对果树水肥耦合方面的研究并与果树营养学、农田水利、土壤学等相关学科相结合，得出试验的技术路线如图5.1所示。

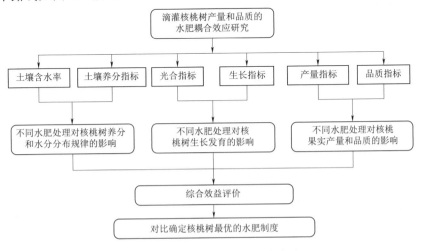

图 5.1　研究中采用的技术路线图

5.2　水肥耦合对根区土壤水分和养分的影响

土壤水分是评价土壤肥力的重要指标之一，是 SPAC 的重要因素，同时也是土壤中营养成分运移的载体，可直接影响树体生长，土壤水分是植物获取水分的主要来源，所以土壤含水率的高低直接影响土壤向作物提供水分的能力。正常供水情况下，作物根系容易获得水分，作物体内生理活动活跃，生长迅速；反之，则作物的生长受到抑制。

肥料是作物生长过程中必不可少的因素，肥料施用过量或者过低都会对作物的生长产生负面影响，其中氮肥是作物需求量最大的一种肥料，施用量过高会造成氮肥在土层中大量累积，降低氮肥利用率，如果伴随着大定额的灌溉势必会导致氮素向深层土壤运移、淋失，造成对地下水的污染。施用氮肥过少会抑制作物的生长发育。硝态氮反映了土壤剖面内所含氮肥的高低，也反映出施入的肥料在土层内残留的情况，因此研究水肥耦合对根区土壤水分、养分在土壤剖面内的分布特征对指导核桃树科学灌溉施肥有重要的现实意义。

5.2.1　不同水肥处理对土壤剖面含水率的影响

由于各次灌水前后各处理土壤水分分布基本类似，所以本书选取 6 月 30 日灌水前和 7 月 2 日灌水后的土壤水分进行分析。灌水前后各处理的土壤含水率如图 5.2 所示。

由图 5.2 可知，灌后入渗的深度为 0～100cm 土层，100cm 土层以下土壤水分基本无变化。由于受降水、灌溉、温度、棵间蒸发及核桃树根系分布等因素的影响，灌水前后 0～40cm 土层的土壤含水率变化最剧烈；40～80cm 由于受到上述因素的影响减弱，所以其变化趋势也逐渐平缓；由于灌后土壤水分的变化是一个缓慢的过程，灌前灌后 100cm 土层以下灌前灌后各处理土壤含水率差别不大，说明各处理的灌水均没有发生深层渗漏；进入 7 月，树冠形成，棵间蒸发量减小，此时树体耗水主要为蒸腾作用，是需水关键期，也是产量形成的重要时期。

5.2.2　不同水肥处理对生育期内根区土壤水分的影响

为探讨不同水肥处理下生育期内根区土壤水分的变化规律，6 月 3 日—9 月 6 日核桃主要生育期根区土壤含水率的变化如图 5.3 所示。

图 5.3（a）反映了在同一施肥处理下，不同灌水量对核桃生育期内根区土壤含水率的影响。由图可知 0～120cm 深度平均土壤含水率随着灌水量的增加而增大；各处理均在 14%～23% 之间变化；生育后期，蒸腾作用减弱，果实形成，

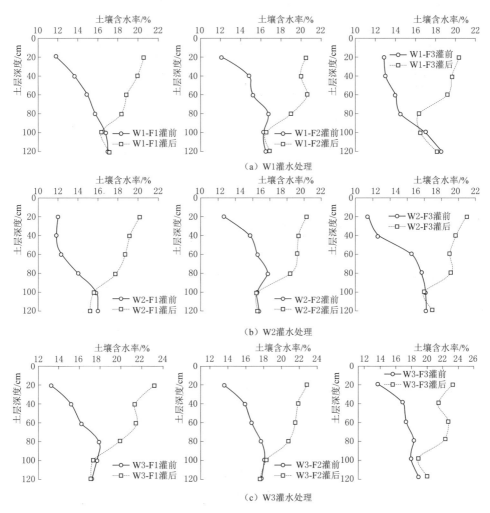

图 5.2　不同水肥处理下核桃树灌水前后土壤含水率的变化

加之灌水次数减小、人为控水等原因使得土壤含水率降低。

图 5.3（b）反映了在同一灌水水平下，不同施肥处理对核桃生育期内根区土壤含水率的影响。由图可知，随着施肥的增加，土壤含水率的变化表现为：先减小后增大，各处理在 14%～24% 之间变化。在同一灌水水平下，随着肥料供给的增加耗水量变大，但是施肥过度会抑制核桃树的生理活性，所以 W2－F2 处理的含水率低于其他两个处理。

5.2.3　不同水肥处理对土壤中硝态氮分布的影响

氮素是作物吸收养分最主要的元素，氮肥的合理化使用与否将直接影响到

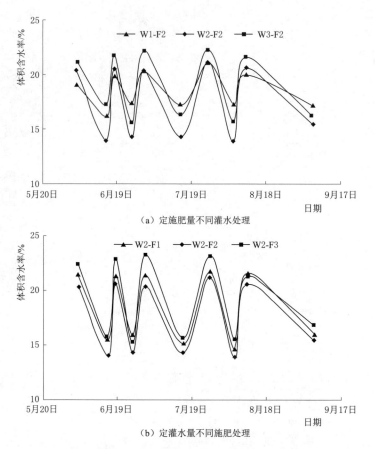

（a）定施肥量不同灌水处理

（b）定灌水量不同施肥处理

图 5.3 生育期不同水肥处理下核桃根区土壤含水率的变化

作物的产量和品质。施用氮肥是补给土壤氮素，提高土壤肥力的主要措施之一。如果长期不施用氮肥，土壤的自然肥力就会不断耗竭，从而导致土质恶化，最终导致土壤退化；现阶段如果停止施用氮肥，农作物将会减产 40%～50%。但是如果长期过量施用氮肥又会造成土壤氮素的大量盈余，降低氮肥的增产效率并给土壤环境以及地下水环境带来重大压力，多余的氮素会以铵挥发、反硝化和硝态氮淋溶等形式进入大气和水体。诸多研究表明，施氮量过多或不足都会影响硝态氮在大田里的含量分布及运移，也是影响作物根系吸收的主要因素；在其他条件不变的情况下，控制氮肥的施用量能有效地防止硝态氮在土壤中的损失。

　　作物对氮素的吸收可以改变硝态氮在土壤剖面中的分布，限制其向土壤深层移动，但是长期施入土壤中的氮肥若超过作物吸收的用量，必然会引起硝态氮的积累，进而影响硝态氮在土壤中的运移状况，导致硝态氮向深层土壤运移。当遇到一些多雨季节或在灌溉农业地区，土壤中累积的硝态氮会随降雨式灌溉水发生淋洗现象，不能持续的保存在土壤中供作物吸收利用。反之，较低的氮肥施用量对于硝态氮的淋溶现象影响较小。而在大田实际操作中，要考虑诸多方面的因素，如不同的地理环境、作物类型及气候特点等。本书在对大田核桃树水肥耦合的研究前提下，揭示了施氮量对土壤剖面硝态氮分布和动态变化的影响，定量分析了土壤剖面硝态氮残留问题，可以为合理施氮提供参考。

5.2.3.1　不同生育期内土壤剖面硝态氮的变化

施用氮肥可以明显地提升土层中硝态氮含量。土层中硝态氮含量随着施用氮肥量的增加而增大。增加灌水量可以提高作物对硝态氮的吸收利用，土层硝态氮的含量随灌水量的增加而有所减少。但不同水氮条件下不同时期和不同土层间硝态氮的含量变化存在较大差异。

1. 开花结果期

图 5.4 反映了开花结果期不同水肥处理下土壤剖面硝态氮分布规律，在开花结果期，各处理不同土层硝态氮含量为：F3＞F2＞F1，说明施肥可以提高土壤中硝态氮的含量，随着深度的增加，土壤硝态氮含量随着施肥量的增加趋势减缓。在同一灌水量下，土层硝态氮的含量在 $120\sim223\mathrm{mg/kg}$ 之间变化，土壤剖面硝态氮含量随着施肥量的增加而增加。在 W1-F1、W1-F2 和 W1-F3 处理下，土层硝态氮主要累积在 $20\sim40\mathrm{cm}$ 土层，原因可能为：灌水量较少，不足

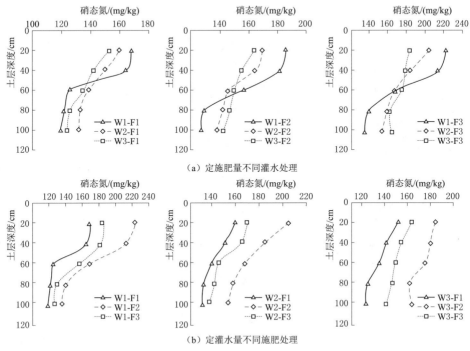

（a）定施肥量不同灌水处理

（b）定灌水量不同施肥处理

图 5.4　开花结果期不同水肥处理下土壤剖面硝态氮分布

以溶解肥料，使得肥料在表层累积。在 W3 处理下，不同施肥量对土壤硝态氮的分布影响显著，土壤硝态氮含量随着施肥量的增加而增加。在同一施肥量下，土层硝态氮含量在 120～220mg/kg 之间变化，不同灌水量对土壤硝态氮含量的影响明显，土层内硝态氮随灌水量的增大而向深层土层运移，在 F1 处理下，由于施肥量较少，各处理土层硝态氮变化差别较小；在 F3 肥料处理下，随着灌水量的增加，0～40cm 土层硝态氮累积减少。

2. 果实膨大期

从图 5.5 可知，在果实膨大期，土壤剖面硝态氮的变化规律基本上与开花结果期类似：F1、F2 处理下各土层的硝态氮含量较开花结果期有所降低，分析原因可能是核桃树进行生理活动，果实形成，从土壤中吸收养分，致使土层硝态氮含量降低；F3 处理较开花结果期有所增加，原因可能是施肥量过高导致养分在各土层发生了累积。由于 F1 施肥处理肥料施用量过低，硝态氮累积现象不明显。施肥量大于 F2 处理时，土层中的硝态氮在 W1 和 W3 处理下，在 80cm 土层发生了累积，W2 处理下，W2-F2 处理在 60cm 土层出现了累积。

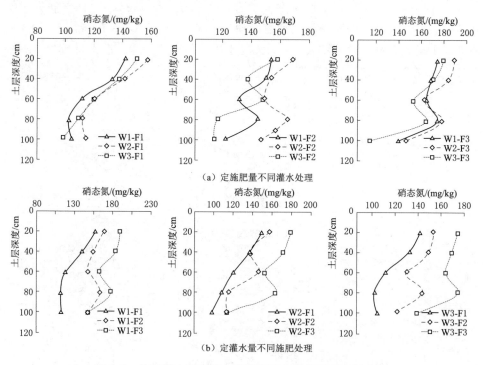

（a）定施肥量不同灌水处理

（b）定灌水量不同施肥处理

图 5.5　果实膨大期不同水肥处理下土壤剖面硝态氮分布

3. 硬核期

硬核期是核桃产量形成的重要时期，此时期核桃生理活动最活跃，树体从土壤中吸收大量的养分供核桃果实产量的形成。从图5.6中可以看出，F1和F2处理下土层硝态氮含量明显减小，大部分的养分果树吸收利用，F3处理土层硝态氮含量却较前一个生育期有所增加，说明高施肥量导致了土壤硝态氮的累积。在F1施肥处理下，随着灌水量的增加，各土层硝态氮的含量减少，而且由于施肥量少，土层硝态氮累积较少；在W1处理下，随着施肥量的增大，各土层硝态氮含量呈明显增大的趋势，各处理均在80cm土层处出现了累积峰。

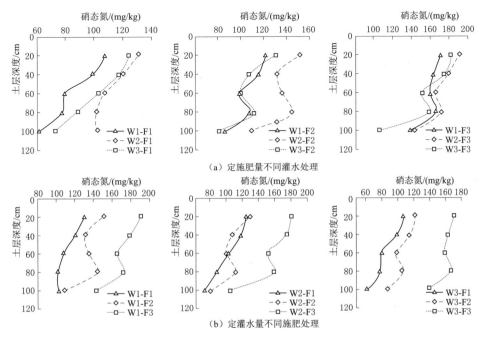

图5.6　硬核期不同水肥处理下土壤剖面硝态氮分布

4. 油脂转化期

随着进入产量形成的重要时期，核桃果实发生生理变化，果仁形成，大量的养分被根系从土壤中吸收、消耗。从图5.7中可以看出，在同一灌水量下，土层硝态氮的含量在75～195mg/kg之间变化，各处理间硝态氮含量差异显著，在W1处理下，由于灌水量较少，肥料溶解不充分，其土壤硝态氮含量较另外两个水处理要高。在同一施肥量下，土层硝态氮含量在60～190mg/kg之间变化，F3处理硝态氮含量差异不显著。W1处理的硝态氮含量要高于其他两个处理。由于进入生育后期，随着施肥量的减少、核桃树体消耗等原因，各处理土层硝态氮的含量均较前一个生育期有所降低。

5. 成熟期

成熟期的变化规律基本与前面生育期相似（图5.8），此时核桃果实渐渐成

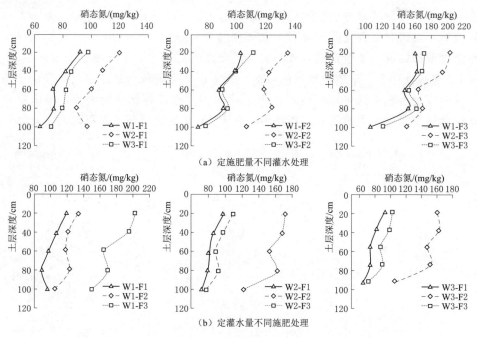

（a）定施肥量不同灌水处理

（b）定灌水量不同施肥处理

图 5.7　油脂转化期不同水肥处理下土壤剖面硝态氮分布

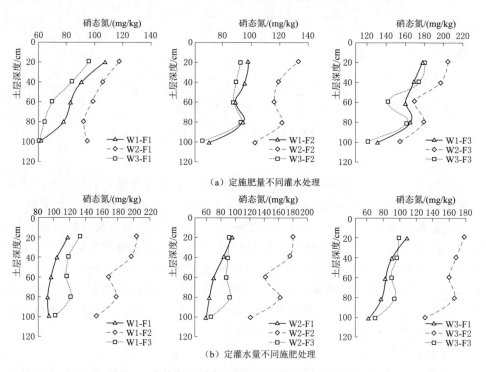

（a）定施肥量不同灌水处理

（b）定灌水量不同施肥处理

图 5.8　成熟期不同水肥处理下土壤剖面硝态氮分布

熟，树体生理活性降低，养分的消耗减少，硝态氮含量较油脂转化期略有增加，0～100cm 土壤剖面内硝态氮含量的变化平缓。在同一灌水处理下，增加施肥量，土壤剖面硝态氮含量差异显著。

5.2.3.2　核桃全生育期土壤剖面硝态氮累积量变化分析

由图 5.9 可知，在同一灌水处理下，土壤剖面内的硝态氮累积量随着施肥量的增加而增加。随着生育期的推进，土层硝态氮的累积量随着施肥量的增加而变大。在同一施肥处理下，土层硝态氮的累积量随着灌水量的增加而降低。当施肥量大于 F2 处理时，土层硝态氮的累积量略有增大，说明施肥量过多，导致硝态氮在土壤剖面内大量累积，造成了肥料的浪费。由于 W1 处理灌水较少，肥料溶解不充分，肥料大量积累在土层表面，所以其累积量要较 W2、W3 处理高。

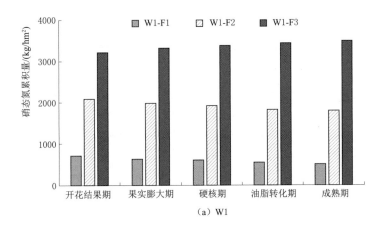

（a）W1

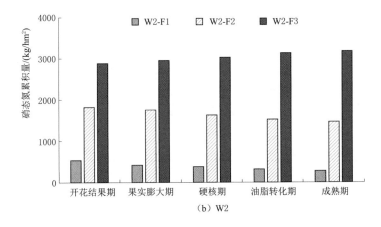

（b）W2

图 5.9（一）　不同水肥处理下生育期内硝态氮累积量

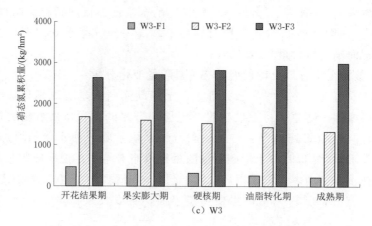

图 5.9（二）　不同水肥处理下生育期内硝态氮累积量

5.3　水肥耦合对核桃树生理指标的影响

水和肥对果树的影响是相互作用、相互影响[170]。核桃树为多年生果树，对养分的需求量比较大[230]；在生育初期，如果从土壤中吸收的养分不充足，就会影响果树的产量和品质。我国很多学者对新疆四种特色果树（香梨、苹果、核桃、红枣）的施肥效应做了大量的研究[231-236]。王治国等[237]的研究表明：根渗灌条件下，增加施肥量和追肥量均可提高核桃的坐果率和产量。本章研究了不同水肥处理下核桃树生长量及光合等生理生长指标的变化，确定适宜的灌水施肥制度，为滴灌核桃施肥模式提供参考。

5.3.1　不同水肥处理对核桃生长指标的影响

5.3.1.1　对叶绿素含量的影响

叶绿素是作物进行光合作用的重要因素之一，叶绿素含量的高低与光合作用的关系非常密切。含量越高则作物叶片生理活性越高，光合作用越强；相反，含量低则会造成叶片活性降低，光合作用也随之降低，光合作用的降低就会对有机物的累积产生影响。

由图 5.10 可以看出，核桃树叶绿素变化基本一致，都呈现先增大后减小的趋势。经 LSD 分析表明，在核桃整个生育期内，各灌水处理和各施肥处理之间没有显著差异。说明在适宜的灌水和施肥条件下，核桃的叶绿素对水分和肥料的变化不敏感。如图 5.10 所示，各施肥处理中，F1 处理的叶绿素略低于其他处理。从整个生育期叶绿素的平均值来看，F3 处理叶绿素平均值比 F2 处理高 3.4％，比 F1 处理高 7.8％。说明肥料不足也会影响叶绿素的含量。在各灌水处

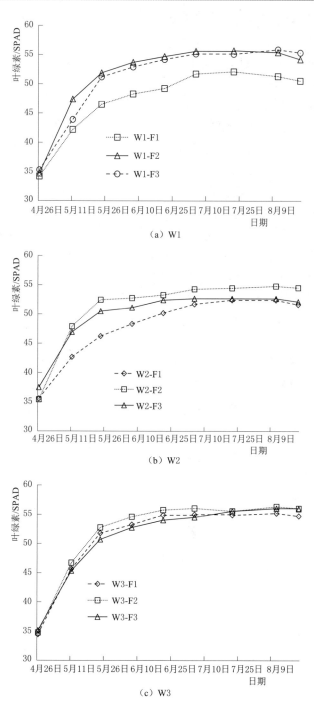

（a）W1

（b）W2

（c）W3

图 5.10　不同水肥处理下的核桃树叶绿素含量变化规律

理中，尽管差异不大，但从整个生育期叶绿素的平均值来看，W2 处理叶绿素含量的平均值要大于 W1 与 W3 处理，比 W1 处理高 1.4％，比 W3 处理高 3.7％。综合比较下，W2-F3 是最有益于增加核桃叶绿素含量的处理。

5.3.1.2　对果实体积的影响

不同施肥处理下核桃果实体积变化如图 5.11 所示。由图可知，不同水肥处理果实体积均表现相一致的增长规律。果实体积发育大致分两个时期，为果实迅速膨大期和缓慢增长期。从坐果到 6 月上旬是果实迅速膨大期，这一时期是核桃果实形成、体积快速膨大，树体光合作用而产生的营养物质向果实转移，这使得果实增大膨胀，是核桃形成产量的关键时期；果实膨大期后，核桃树进入果实缓慢增长期，在这时期内，果实增长较缓慢。果实迅速膨大期积累的营养物质发生转换，促使核仁形成，是提高核桃果实品质和商品率的关键期。分析表明，核桃最终果实体积由大到小依次的灌水处理为 W2＞W3＞W1，W2 处理的最终果实体积比 W3 大 3.1％，比 W1 大 12％。核桃最终果实体积由大到小的施肥处理依次为 F3＞F2＞F1，F3 处理的果实体积比 F2 处理的大 1.8％，比 F1 处理大 7％。如图 5.11 所示，在相同的灌水条件下，除 W3 处理的核桃果实体积在整个生育期都随着施肥的增加而增加外，其他灌水处理下，在整个生育期施肥对果实影响程度大小为：F2＞F3＞F1。综上所述，W1 处理和 F1 处理不利于果实体积的增大，且 W1 处理和 F1 处理的果实体积与其他处理差异显著。W3 处理与 W2 处理的果实体积、F3 处理与 F2 处理的果实体积无显著差异，且 W2-F2 处理的果实体积达到最大，为 55.78cm³。

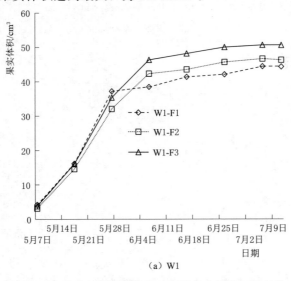

图 5.11（一）　不同水肥处理下核桃果实体积变化规律

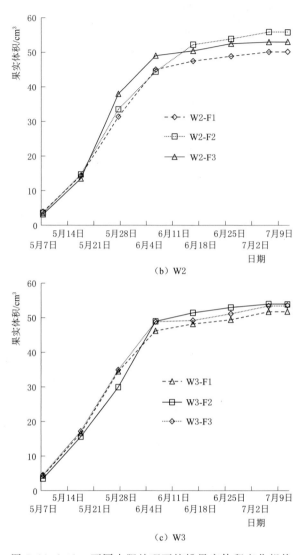

图 5.11（二） 不同水肥处理下核桃果实体积变化规律

5.3.1.3 对叶面积指数的影响

叶片是核桃树进行光合和蒸腾的重要器官。植株累积的干物质量有 80% 以上是通过叶片进行光合作用所生成的。叶面积指数（*LAI*）是判断核桃树生长发育和光合作用的重要指标，也是反映产量的重要指标。

滴灌条件下，不同水肥处理对核桃树 *LAI* 的影响如图 5.12 所示，在核桃生育期内，核桃的 *LAI* 呈单峰曲线，在各处理 *LAI* 的变化趋势大致相同，均表现为先增大后减小的趋势。在 7 月中旬到 8 月下旬，核桃树的 *LAI* 值迅速增长，此时期为核桃产量形成的重要时期，光合作用强，营养物质积累迅速，此后进入成熟期，*LAI* 值增长缓慢并呈现下降的趋势，分析原因，此时期核桃进入成熟期，光合作用减弱，叶片产生的营养物质发生转移，叶片脱落或枯萎，果实成熟。

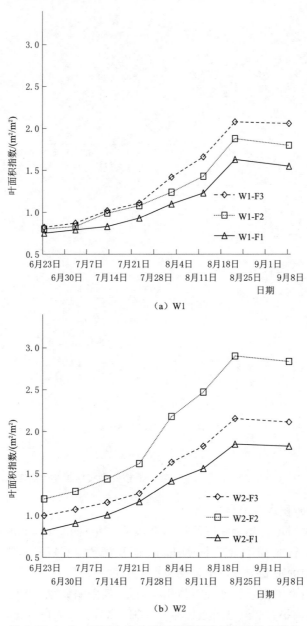

（a）W1

（b）W2

图 5.12（一）　不同水肥处理下核桃树叶面积指数的变化

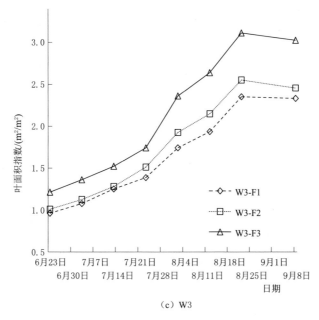

（c）W3

图 5.12（二） 不同水肥处理下核桃树叶面积指数的变化

由图 5.12 可以明显看出，不同水分处理对核桃 LAI 的影响比施肥处理的影响要大。在灌水处理间比较，LAI 值随着灌溉量的增大而增大。其中，W3 处理的整个生育期 LAI 的平均值最大，比 W2 大 2.31%，比 W1 大 50%。说明水分对 LAI 有显著影响。在施肥处理间比较，F3 处理的 LAI 在整个生育期内都比其他处理要小，说明低肥处理不利于核桃树叶面积指数的增长。LAI 除在 W2处理下的 F3 处理外，其他灌水处理下的 F3 处理都为最大，但 W2 - F2 处理的LAI 显著高于其他处理。说明施肥对核桃 LAI 的影响受灌水限制，需要在适宜灌水下选择适宜的施肥量。在试验条件下，W2 - F2 处理的 LAI 最大，是最有利于光合作用的水肥组合。

5.3.2 不同水肥处理对核桃树光合特性日变化的影响

光合作用是树体产生和累积养分的一个重要的生理过程，树体通过叶片的光合作用产生营养物质，供果实转化；树体的光合作用是一个复杂的过程，受光照强度、大气温度、大气 CO_2 浓度、空气相对湿度等环境因素的影响比较大。

5.3.2.1 对净光合速率日变化的影响

P_n 指光合速率减去呼吸作用速率，反映了作物有机物的积累，它的变化直接反映光合作用的程度以及光合作用的变化情况，是衡量植物光合作用能力强弱的一项重要指标[238]。图 5.13 反映了水肥耦合对核桃净光合速率的影响，由

图可以看出，核桃树的净光合速率变化呈单峰＋双峰变化，灌水极高和极低的
W3 和 W1 处理的净光合速率呈现双峰变化，净光合速率在 10：00—12：00 急
速上升，并在 12：00 达到第一个峰值，随后净光合速率又出现下降的趋势并在
16：00 达到第二个峰值，这与赵经华等[240]、郑冰等[239]所研究的结果一致；灌
水适度的 W2 处理的净光合速率变化呈现单峰变化，在 10：00—14：00 急速上
升，并在 14：00 达到峰值，随后净光合速率又缓慢下降，并且 W2 处理的净光
合速率的峰值要比 W1 和 W3 处理往后推迟 2h，这与赵经华与郑冰的结果不同，
原因可能是适度的灌水减缓了核桃树光合"午休"现象。净光合速率最大值为
$15.66\mu mol/(m^2 \cdot s)$，出现在 W3－F2 处理；最小值为 $4.20\mu mol/(m^2 \cdot s)$，出现
在 W1－F1 处理。在达到最大净光合速率后，净光合速率又出现明显的下降趋
势，出现了"午休"的现象。在同一灌水处理下，增加肥料施入量，树体净光
合速率也随之增大，说明增加肥料施入量有利于树体进行光合作用；在同一肥
料处理下，增加灌水量，树体的净光合速率也随灌水量的增加而增大，说明在
肥料施入量一定的前提下，增加灌水量有利于提高核桃树的光合作用。

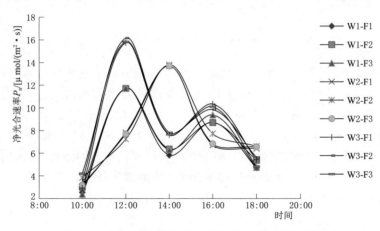

图 5.13　不同水肥耦合对核桃树净光合速率的影响

5.3.2.2　对蒸腾速率日变化的影响

　　T_r 是衡量植物体内水分变化状况的重要的生理指标，与作物的净光合速率
关系密切。图 5.14 反映了水肥耦合对核桃树蒸腾速率的影响。从图 5.14 中可以
看出，不同处理的蒸腾速率变化基本一致，均呈现单峰型曲线，与赵经华等的
研究结果相同。随着辐射强度增加、空气温度升高、空气湿度降低、气孔导度
增大，树体蒸腾速率增加。蒸腾速率在 14：00 左右达到最大值，最大值为
$7.34mmol/(m^2 \cdot s)$，出现在 W3－F3 处理，在 18：00 达到最小值，最小值为
$1.12mmol/(m^2 \cdot s)$，出现在 W1－F1 处理。从图中可以看出，在同一灌水处理
下，增加肥料的施入，树体蒸腾速率呈现"先减小后增大"的趋势，这说明在

灌水一定的情况下，控制肥料的施入量可以降低树体的蒸腾作用；在肥料施入量一定的情况下，随着土壤水分的增加，树体的蒸腾作用呈现增大的趋势，这说明在施肥一定的情况下，控制灌水量可以降低树体的蒸腾作用。由于低水肥处理灌水量和施肥量都少，水分蒸腾多，其叶片气孔导度大部分关闭以保持水分不流失，所以其蒸腾作用达到最大后又快速下降。

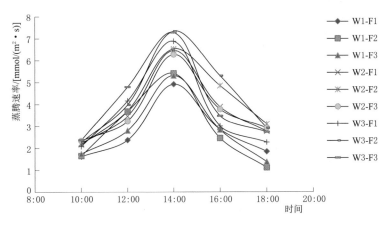

图 5.14　不同水肥处理对核桃树蒸腾速率的影响

5.3.2.3　对叶片细胞间 CO_2 浓度日变化的影响

图 5.15 反映了水肥耦合对核桃细胞间 CO_2 浓度的影响，从图中可以看出，细胞间 CO_2 浓度的变化呈 U 形变化，随着光合作用的增强，细胞间 CO_2 被同化，导致胞间 CO_2 浓度降低，当光合作用达到最强时，胞间 CO_2 浓度达到最低，最低值为 $212.80\mu mol/mmol$，出现在 W2-F2 处理，之后，随着光合作用的减弱，CO_2 的同化速度降低，胞间 CO_2 浓度缓慢上升。

5.3.2.4　对气孔导度日变化的影响

气孔是叶片与外界进行气体交换的门户，是水分蒸腾和叶片呼吸作用的重要通道，气孔的开放与关闭对植物的蒸腾和光合有重要的调节作用，气孔导度（G_s）是衡量气孔的开放程度的重要指标[241]。图 5.16 反映了水肥耦合对核桃树 G_s 日变化的影响，从图 5.15 可以看出，随着核桃树体光合作用的进行，气孔逐渐开放，光合作用达到最大时，气孔开放到最大，此时光合速率最大。G_s 的变化呈现单峰曲线变化，峰值分别出现在 12：00 和 14：00，最大值出现在 W3-F3 处理，在 12：00 时达到最大，最大值为 $193.21mmol/(m^2 \cdot s)$。在同一灌水处理中，G_s 随着肥料施入量的增加而增大，说明灌水量一定时，增加施肥量可以最大限度地提升树体气孔的开放程度，对树体进行光合作用有利；在同一施肥处理下，随着灌水量的增大，G_s 也增大。

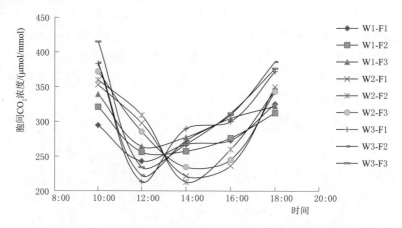

图 5.15 不同水肥处理对核桃叶片细胞间 CO_2 浓度的影响

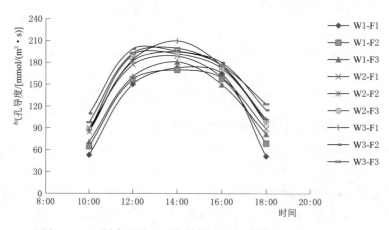

图 5.16 不同水肥处理对核桃树叶片气孔导度日变化的影响

5.3.2.5 对叶片水分利用效率（WUE_L）日变化的影响

当植物吸收 CO_2 时，必然蒸腾失水；水量损失减少时，CO_2 的吸收量也减少。因此，众多学者通常利用植物叶片水分利用效率 WUE_L 来表征植物叶片固定 CO_2 的能力与水分消耗量的关系。由图 5.17 可知，与净光合速率不同的是，WUE_L 最大值出现在 10：00，最大值为 $2.31\mu mol/mmol$，随着核桃树光合作用的进行，蒸腾作用增强，水分散失，WUE_L 下降，10：00—14：00 WUE_L 下降速度快，14：00—16：00 由于树体"休眠"现象，气孔关闭，水分散失缓慢，所以 WUE_L 下降速度也变慢。由图 5.17 可知，在施肥量适度的情况下，WUE_L 随灌水量的增加呈现先增大后减小的趋势，说明适当施肥条件下，增大灌水量反而会降低树体的水分利用效率；在灌水量适度的条件下，随着施肥量的增加，WUE_L 呈现增大的趋势，说明施肥可以增加树体的水分利用效率。

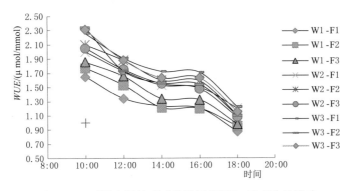

图 5.17 不同水肥处理对核桃树 WUE_L 日变化的影响

5.4 水肥耦合对核桃产量和品质的影响

5.4.1 不同水肥处理对核桃产量和产量构成因素的影响

由表 5.3 可以看出，不同的水肥梯度设置对核桃干重、个数和产量均产生了一定的影响。核桃最大产量出现在 W3 - F3 处理，最大产量为 2898.75kg/hm^2，最小产量出现在 W1 - F1 处理，最小产量为 1784.25kg/hm^2。不同水肥梯度对核桃单株个数也产生了一定的影响：在同一灌水处理下，核桃个数随着施肥量的增加而增加；在同一施肥处理下，核桃个数随着灌水量的增加而增加。单株个数最大值出现在 W3 - F3 处理，最大值为 165 株，最小值出现在 W1 - F1 处理，最小为 87 株；核桃干重最大值出现在 W2 - F2 处理，为 13.69g，最小值出现在 W3 - F3 处理，为 10.55g。

表 5.3　　　　　　　不同水肥处理下的核桃干重、个数和产量

处理	核桃干重/(g/个)	核桃个数/株	产量/(kg/hm²)
W1 - F1	12.41ab	87c	1784.25d
W1 - F2	12.79ab	93c	1973.1c
W1 - F3	12.37ab	98c	2018.55c
W2 - F1	11.06b	119bc	2185.2abc
W2 - F2	13.69a	125b	2850a
W2 - F3	11.97b	134ab	2671.2ab
W3 - F1	10.84c	124b	2231.85abc
W3 - F2	11.80b	136ab	2671.5ab
W3 - F3	10.55c	165a	2898.75a

注　同列数据后不同小写字母表示处理间差异显著（$P < 0.05$）。

在同一灌水水平下，不同施肥量的产量存在一定的差异。通过方差分析可知，F1 处理与 F2 和 F3 处理差异极显著，F2 和 F3 处理无显著性差异，在 W1 处理下，F2 较 F1 产量增加了 10.6%，F3 较 F2 产量增加了 2.3%；在 W2 处理下，F2 较 F1 产量增加了 30.4%，F3 较 F2 产量增加了 −6.3%，出现了施肥无增产现象；在 W3 处理下，F2 较 F1 产量增加了 19.7%，F3 较 F2 产量增加了 8.5%。在 F1 处理下，W2 较 W1 产量增加了 22.5%，W3 较 W2 产量增加了 2.1%；在 F2 处理下，W2 较 W1 产量增加了 44.4%，W3 较 W2 产量增加了 −6.3%，出现了灌水无增产现象；在 F3 处理下，W2 较 W1 产量增加了 32.3%，W3 较 W2 产量增加了 8.5%。从上述比较结果可以看出，水对产量的增产效应要大于肥对产量的增产效应，水和肥对核桃树产量的影响有一个临界值，超过这个值，核桃增产效应不明显。综上比较 W2 - F2 产量最优。

5.4.2 不同水肥处理对水分利用率和肥料生产率的影响

由表 5.4 可以看出，各水肥处理对水分利用率的影响不明显，在同一灌水和施肥水平下，水分利用率的变化一致。在灌水、施肥水平较低时，水分利用率随着水肥供给量的增大变化表现为：先减小后增大；在灌水、施肥水平适度时，水分利用效率随着水肥供给量的增大变化表现为：先增大后减小；在灌水、施肥水平较高时，水分利用效率随着水肥供给量的增大而增大。施肥和灌水水平越高，水分利用效率也越高。在同一施肥水平下，F1 和 F3 处理均表现为随着灌水的增加而增大，说明适当增加灌水可以更好地使肥料溶解供果树吸收利用，F2 处理变化为先增大后减小。由表中可以看出，随着施肥量的增加，肥料生产率降低，说明施肥过度不利于肥料的利用，施入土壤中的肥料没有被完全利用，使得肥料在土壤中累积，容易被淋溶，造成肥料的无效的消耗。结合灌水、施肥数据，对比各处理产量、水分利用效率、肥料生产率等数据，得出 W2 - F2 处理的产量、水分利用效率、肥料生产率最优。

表 5.4 　　　　　　　不同水肥处理下核桃树的水分利用率和肥料生产率

处理	耗水量 /mm	施肥量 /(kg/hm²)	产量 /(kg/hm²)	水分利用效率 /[kg/(hm²·mm)]	肥料生产率 /(kg/kg)
W1 - F1	218.7	1991.3	1784.3	8.2	0.90
W1 - F2	243.1	2902.5	1973.1	8.1	0.68
W1 - F3	234.4	4725.0	2018.6	8.6	0.43
W2 - F1	298.3	1991.3	2185.2	7.3	1.10
W2 - F2	316.9	2902.5	2850.0	9.0	0.98
W2 - F3	305.2	4725.0	2671.2	8.8	0.57

处理	耗水量 /mm	施肥量 /(kg/hm²)	产量 /(kg/hm²)	水分利用效率 /[kg/(hm²·mm)]	肥料生产率 /(kg/kg)
W3 – F1	286.7	1991.3	2231.9	7.8	1.12
W3 – F2	307.5	2902.5	2671.5	8.7	0.92
W3 – F3	297.8	4725.0	2898.8	9.7	0.61

5.4.3 不同水肥处理对核桃品质的影响

脂肪和蛋白质是衡量核桃果实品质和商品率的两个重要指标，其含量高低决定了核桃果实的营养价值和口感，从而影响了核桃果实的商品价值。

由图 5.18 可知，不同水肥处理对核桃果实蛋白质、脂肪含量均产生了一定的影响。蛋白质含量最大值出现在 W2 – F2 处理，最大蛋白质含量为 21.2%，最小值出现在 W1 – F1 处理，最小蛋白质含量为 19%；脂肪含量最大值出现在 W2 – F2 处理，最大脂肪含量为 66.8%，脂肪含量最小值出现在 W1 – F1 处理，最小脂肪含量为 65%。这说明土壤水分过高、施肥量过高都不利于提高核桃果

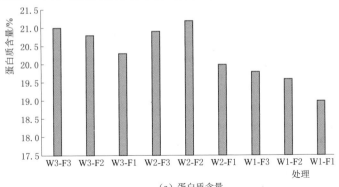

（a）蛋白质含量

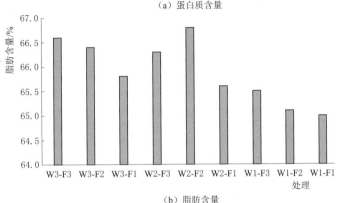

（b）脂肪含量

图 5.18 不同水肥处理对核桃果实蛋白质、脂肪含量的影响

实的品质，进而影响核桃果实的商品率。以蛋白质含量为例，在同一灌水处理下，W1 和 W3 处理随着施肥量的增加，核桃果实蛋白质含量增大，在 W2 处理下，随着施肥量的增加，核桃果实蛋白质含量先增大后减小；在同一施肥处理下，随着灌水量的增大，核桃果实蛋白质含量增大。脂肪含量变化跟蛋白质的变化相似。根据质量分级，脂肪含量＞65％、蛋白质含量＞14％的核桃坚果从化学指标上可达到特级果的标准[242]，各处理的核桃坚果均达到此要求。

在一定的设计水平范围内，水和氮的品质效应有一个适宜灌水量和氮肥施用量的水平；在此设计水平范围内，以蛋白质为品质依据，由图 5.18 可以看出，呈"抛物线"趋势。即随着水、氮供给量的增加，核桃蛋白质含量增大，但是超过一定供给量后，含量呈现下降的趋势或者无增趋势。脂肪指标的变化与蛋白质的变化类似。

第6章 微灌核桃树冠层特性研究

冠层是植物地上部分主要的形态表征，它不仅是植物进行光合作用的场所，也是影响呼吸进行的重要因素之一。所以，针对冠层参数的研究，不仅有利于冠层结构的进一步优化，也是提升果树生产实力的有效途径之一。目前，国内外冠层研究较多集中于松树、玉米、水稻等大型林木或矮小经济作物，以期通过冠层结构研究达到深入了解树冠内光合特性[243]、预测果实长势及产量[244]、评价植物冠层截留能力[245]等目的，因此，综合方方面面因素，核桃冠层特性研究极具十分重要的意义。

本章主要研究内容是：①不同灌水定额对核桃树冠层参数的影响；②各冠层参数之间的相互作用关系；③影响核桃干重产量的主要参数；④核桃最佳灌水定额处理组合优选；⑤不同年限不同生育期叶面积指数变化。

6.1 测 定 方 法

于2015年4月23日—9月8日，每隔10d测定1次冠层参数，共计15个测定日，测量仪器为HemiView数字植物冠层分析仪。HemiView分析仪器主要包括带有鱼眼广角镜头的单反数码相机和HemiView 2.1半球影像图片分析软件等组成。试验测定时间为8：30。观测时，使用相机拍摄核桃样树的冠层图片，其中，1棵树选取对称4个方向进行。将拍摄图片通过Photoshop软件预处理后，再使用HemiView 2.1软件进行分析，计算出半球影像图片中所包含的冠层参数信息，并予以整理分析。在2015年9月8日最后一次核桃树冠层拍摄后，即进行核桃采收工作。核桃树冠层的半球影像图片如图6.1所示。

图6.1 核桃树冠层的半球影像图片

6.2　不同灌水定额对核桃树冠层参数的影响

6.2.1　对叶面积指数的影响

不同灌水定额处理下叶面积指数的变化如图 6.2 所示，其中，4 月 19 日进行核桃树萌芽前的枝叶修剪工作。

从图 6.2 可以看出，各处理 LAI 均处于不断上升状态，后期变化逐渐减缓。5 月 23 日（核桃果实膨大期），C2 处理 LAI 显著大于 C1、C3 处理，但在观测前期以及观测后期，各处理间差异性均不显著。7 月 2 日前，LAI 整体表现为：C2＞C1＞C3，而在 7 月 2 日后，LAI 表现为：C2＞C3＞C1，说明核桃生育期前的修枝会对冠层 LAI 产生影响，但后期在不同灌水定额的影响下，C3 处理 LAI 逐渐赶超 C1 处理，表明灌水定额 45mm 比灌水定额 15mm 更有利于枝叶生长。核桃采收前，LAI 已经呈减小状态，说明核桃积累的物质能量已经接近饱和，果实已经趋于成熟。在 3 个处理中，C2 处理 LAI 最大，冠层更为繁茂，叶面积最大，同样，可以储备的物质能量也多，所以，相较于其他两组处理，C2 处理更有利于核桃的生长发育。

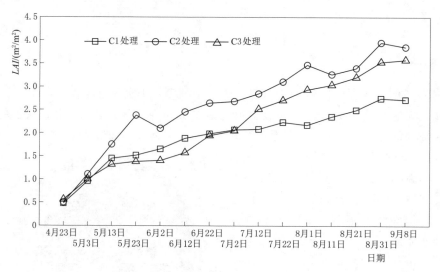

图 6.2　不同灌水定额下 LAI 的变化

6.2.2　对透光率的影响

透光率是指天空可见部分占给定天空部分的比值。当透光率为 0 时，说明给定天空部分完全被遮蔽物遮盖；当值为 1 时，说明给定天空区域完全可见[246]。生育期内，各处理透光率的变化如图 6.3 所示。

从图 6.3 可看出，随着核桃生育期的推进，核桃树冠层的透光率不同程度地减小，且 C2 与 C3 处理下降更为剧烈，反映较大的灌水定额更有利于枝叶生长，进而会造成冠层内透光性减弱。同 LAI 变化相反，在果实膨大期（5 月 23日），C1、C3 处理透光率显著大于 C2 处理；在核桃硬核期（6 月 22 日），透光率逐步稳定，表现为：C1＞C3＞C2。对比 C1 与 C3 处理，C1 处理透光率更大，反映 C1 处理的冠层形态更为稀疏。

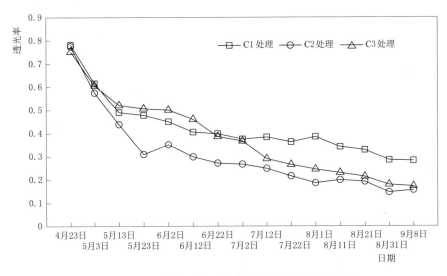

图 6.3　不同灌水定额下核桃树冠层透光率的变化

6.2.3　对直射光立地系数、散射光立地系数的影响

直射光立地系数（direct site factor，DSF）与散射光立地系数（indirect site factor，ISF）用于评估林下直射光与散射光情况，是定量测定光照状况的有效手段[247]。直射光立地系数（DSF）是指树下直射光量占开放地区的直射光量的比值[248]；散射光立地系数（ISF）为散射光所占比值。DSF 与 ISF 取值范围均为 0～1。核桃树冠层 DSF、ISF 的变化如图 6.4 所示。

由图 6.4 可知，DSF 的大小表现为 C1＞C3＞C2，而 ISF 是在生育后期才逐渐表现为 C1＞C3＞C2，说明不同处理的直射光与散射光透过冠层的程度大致相同。对于 DSF 来说，C1 处理冠下的直射光更多，但对于 ISF 来说，前期 C3处理冠下的散射光更多，但后期 C1 处理冠下的散射光更多。随着核桃的生长发育，核桃树冠下接受的直射光与散射光均处于不断变化的过程，并逐渐趋于稳定。综合 DSF 与 ISF 可以发现，同样在核桃果实膨大期（5 月 23 日—6 月 2

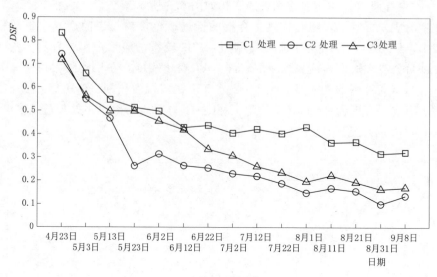

（a）*DSF*动态变化

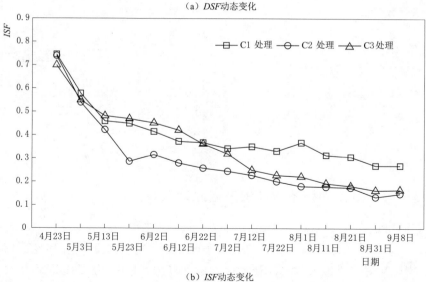

（b）*ISF*动态变化

图 6.4　不同灌水定额下核桃树冠层 *DSF*、*ISF* 的变化

日），C1、C3 处理 *DSF*、*ISF* 均显著大于 C2 处理，表明不同灌水处理在核桃果实膨大期对冠层光环境产生深刻影响。

6.2.4　对冠层截获辐射能的影响

如图 6.5 所示，经过不同的灌水定额处理，各处理间核桃树冠层截获的辐射能变化趋势基本相同，均呈先增后逐渐稳定的趋势，说明植株生长较为活跃，核桃树冠层一直处于不断积累能量状态，为果实的生长发育奠定了坚实的基础，截获辐射能在核桃油脂转化期、成熟期逐渐接近于饱和。在核桃生长不同关键期（果实膨大期、硬核期、油脂转化期），不同程度的灌水定额影响核桃冠层积累辐射能的能力，并且 C2、C3 处理显著高于 C1 处理。从生育中期开始，C1 处理冠层截获的辐射能变化逐渐平稳，说明 C1 处理下核桃树积累的辐射能已经趋于饱和，证明 C1 处理核桃果实生长逐步停滞不前。

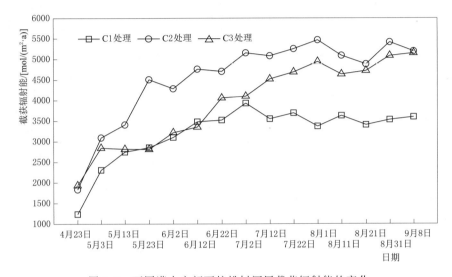

图 6.5　不同灌水定额下核桃树冠层截获辐射能的变化

6.3　核桃树冠层参数分析与比较

6.3.1　叶面积指数与透光率、直射光立地系数、散射光立地系数、截获辐射能的关系

由图 6.6 可以看出，在滴灌条件下，LAI 与透光率、DSF、ISF、截获辐射能关系密切，其中，LAI 与透光率、DSF、ISF 呈极显著负相关，与截获辐射能呈极显著正相关。结果显示，随着 LAI 的不断增大，冠层枝叶逐渐趋于繁茂，冠层空隙逐渐减小，冠层内通风透光性逐渐减弱，冠下直射光、散射光均不断下降。与之相反，冠层截获的辐射能不断增加，从而预示着冠层可以积累更多的能量，进而可以为果实的发育提供物质能量来源。在 3 组灌水定额处理下，LAI 与其余各个冠层参数关系趋势均一致，说明不同灌水量不会对冠层参数之间的关系产生显著性影响。

6.3.2 透光率与直射光立地系数、散射光立地系数、截获辐射能的关系

由图 6.7 可以看出，在核桃全生育期，冠层透光率与 DSF、ISF 呈极显著正相关关系，而与截获辐射能呈极显著负相关关系。随着冠层透光率的不断增

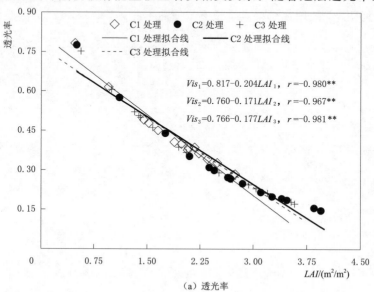

$$Vis_1 = 0.817 - 0.204 LAI_1, \quad r = -0.980**$$
$$Vis_2 = 0.760 - 0.171 LAI_2, \quad r = -0.967**$$
$$Vis_3 = 0.766 - 0.177 LAI_3, \quad r = -0.981**$$

（a）透光率

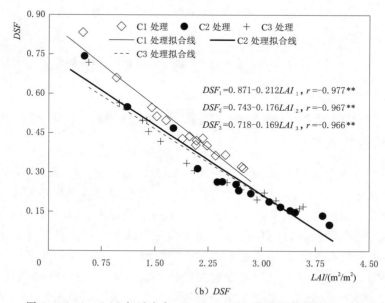

$$DSF_1 = 0.871 - 0.212 LAI_1, \quad r = -0.977**$$
$$DSF_2 = 0.743 - 0.176 LAI_2, \quad r = -0.967**$$
$$DSF_3 = 0.718 - 0.169 LAI_3, \quad r = -0.966**$$

（b）DSF

图 6.6（一）　LAI 与透光率、DSF、ISF、截获辐射能关系比较

（＊＊代表在 0.01 水平相关性显著，下同）

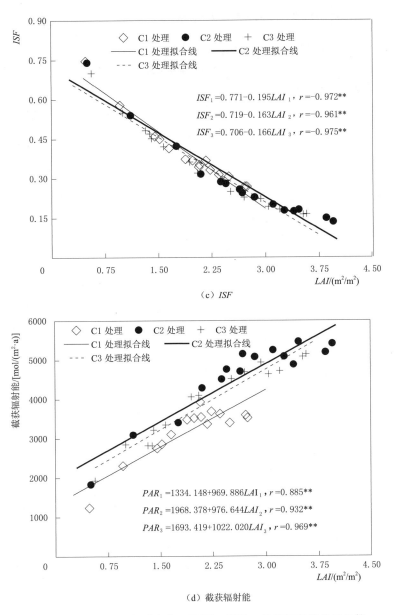

（c）*ISF*

（d）截获辐射能

图 6.6（二）　*LAI* 与透光率、*DSF*、*ISF*、截获辐射能关系比较

大，可见天空部分不断增大，说明枝叶不断趋于稀疏，此时，冠下直射光、散射光光量均不断增加，同时，可供果实吸收利用的辐射能不断减小，此种变化趋势不利于核桃生长。透光率与 *DSF*、*ISF*、截获辐射能相似的回归关系可以看出，不同灌水定额依然对冠层参数之间的关系作用微弱。

6.3.3　直射光立地系数与散射光立地系数、截获辐射能的关系

将 DSF 与 ISF 进行线性拟合，其结果如图 6.8 所示。由图 6.8 可以看出，ISF 与 DSF 呈显著性正相关，与冠层截获的辐射能呈显著负相关。随着冠下直射光的不断增大，散射光量也呈现上升态势，截获辐射能则不断下降。结果显示，冠层的光特性与冠层截获的辐射能成比例变化，从而可以通过改变冠下光照情况，进而提高或降低冠层截获的辐射能量。

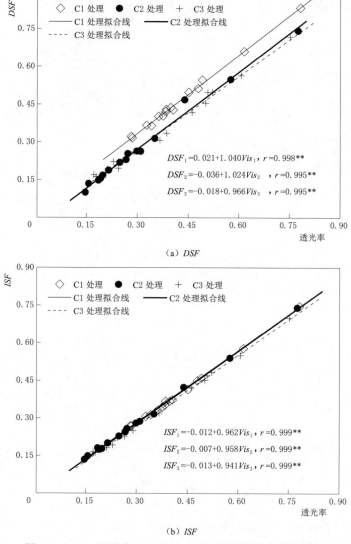

$DSF_1 = 0.021 + 1.040 Vis_1$，$r = 0.998**$

$DSF_2 = -0.036 + 1.024 Vis_2$，$r = 0.995**$

$DSF_3 = -0.018 + 0.966 Vis_3$，$r = 0.995**$

（a）DSF

$ISF_1 = -0.012 + 0.962 Vis_1$，$r = 0.999**$

$ISF_2 = -0.007 + 0.958 Vis_2$，$r = 0.999**$

$ISF_3 = -0.013 + 0.941 Vis_3$，$r = 0.999**$

（b）ISF

图 6.7（一）　透光率与 DSF、ISF、截获辐射能关系比较

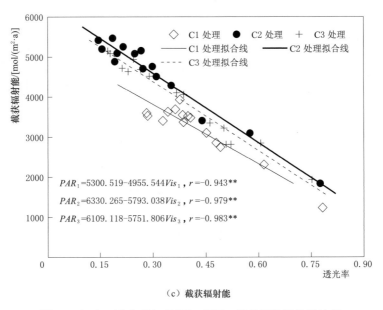

（c）截获辐射能

图 6.7（二） 透光率与 *DSF*、*ISF*、截获辐射能关系比较

6.3.4 散射光立地系数与截获辐射能的关系

由图 6.9 可以看出，*ISF* 与截获辐射能呈现极显著负相关关系，冠下散射光越大，冠层截获的辐射能越小。冠下散射光多，证明冠层内的透光性增强，

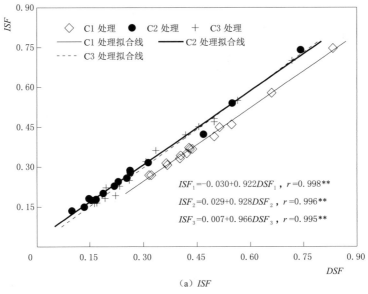

（a）*ISF*

图 6.8（一） *DSF* 与 *ISF*、截获辐射能关系比较

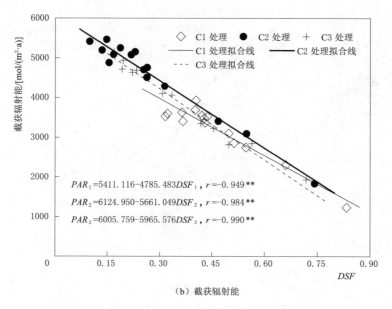

（b）截获辐射能

图 6.8（二） DSF 与 ISF、截获辐射能关系比较

冠层可以截获的辐射能也逐渐减弱，这是由于可以用来截获辐射能的枝叶减少的缘故。C1、C2、C3 处理下，ISF 与截获辐射能变化关系均相同，说明不同灌水处理不会对 ISF 与截获辐射能的变化关系产生影响。

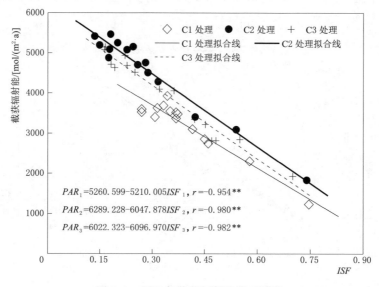

图 6.9 ISF 与截获辐射能关系比较

6.3.5 直接辐射光量子通量密度分析

太阳辐射包括太阳直接辐射与散射辐射，其中，太阳辐射中对植物光合作用有效的光谱成分称为光合有效辐射（photosynthetically active radiation，PAR）[249]。当 PAR 使用量子学系统范畴定义时，其用光量子通量密度进行度量，单位为 $\mu mol/(m^2 \cdot s)$。在核桃树冠层图片中，选取典型阴天（2015 年 8 月 11 日）及其邻近的典型晴天（7 月 22 日）进行冠上、冠下直接辐射分析，其结果如图 6.10 所示。

由图 6.10 可以看出，在滴灌 3 组处理中，不管是在阴天条件下还是在晴天条件下，冠上直接辐射整体变化趋势相同，均呈现单峰变化趋势。阴天，C1 处

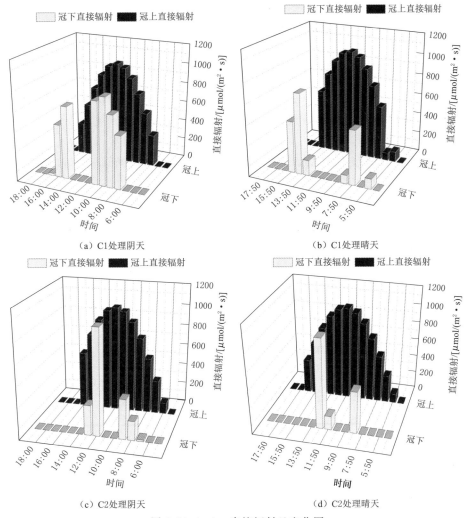

图 6.10（一） 直接辐射日变化图

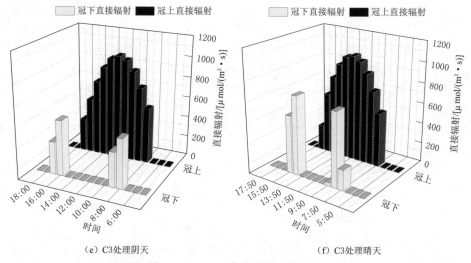

（e）C3处理阴天   （f）C3处理晴天

图6.10（二）　直接辐射日变化图

理于7：00、C2处理于6：00、C3处理于8：00开始，冠上直接辐射逐渐增大，12：00左右，C1、C2、C3处理均达到最大值$1017.31\mu mol/(m^2 \cdot s)$，之后，冠上直接辐射不断减小直至为0。与冠上直接辐射不同，冠下直接辐射波动较为剧烈，呈现出双峰变化趋势。随着时间的推移，各处理的冠下直接辐射均在8：00—11：00时段不断上升，并在12：00左右先后突降为0，之后，冠下直接辐射有不同深度的上升阶段，18：00左右继续下降为0。对比C1、C2、C3处理，整体来看，C1处理冠下直接辐射不为0时段少于C2、C3处理，说明C1处理截获直接辐射的能力最差。

晴天条件下冠上、冠下直接辐射变化情况与阴天条件变化相似，冠上直接辐射为单峰变化趋势，冠下直接辐射为大致双峰变化趋势，并且，变化程度较冠上直接辐射剧烈。从图中可以看出，晴天条件下冠上、冠下直接辐射在数值上均稍大于阴天条件，说明相较于阴天，冠层在晴天可以截获更多的辐射能，并可以更好地进行光合作用。

6.4　不同灌水定额下冠层参数对核桃干重产量的影响

将核桃干产量（Y）与叶面积指数（X_1）、透光率（X_2）、直射光立地系数（X_3）、散射光立地系数（X_4）、截获辐射能（X_5）、灌水定额（X_6）进行多元线性逐步回归分析，其模型为$Y=667.529X_1+1.543X_6+149.777$，$R^2=0.993$。

由逐步回归模型可以看出，4个已知冠层参数（透光率、直射光立地系数、散射光立地系数、截获辐射能）对核桃干产量没有显著性影响，则在计算过程中予以剔除，最终结果保留变量分别为叶面积指数与灌水定额。

通过分析模型可知，叶面积指数和灌水定额是影响核桃干产量的关键性因素，且对干产量的作用顺序为叶面积指数＞灌水定额，叶面积指数、灌水定额均正相关于核桃干产量。

6.5　影响核桃综合效益的多因素主成分分析

选取评估核桃综合经济效益的 7 个指标（叶面积指数、透光率、直射光立地系数、散射光立地系数、截获辐射能、灌水定额、核桃产量）进行主成分分析，提取特征值大于 1 的主成分，并依据计算结果选取最佳核桃种植方式。主成分分析结果见表 6.1。由表 6.1 可知，第一主成分的特征值为 6.110，贡献率达到 87.286%，故第一主成分足以代表核桃所有统计性状。

表 6.1　　　　　　　　　　　主 成 分 分 析 结 果

分析值	主成分 1	主成分 2	主成分 3	主成分 4	主成分 5	主成分 6	主成分 7
特征值	6.110	0.890	2.389×10^{-16}	8.372×10^{-17}	5.228×10^{-17}	-1.582×10^{-16}	-5.500×10^{-16}
方差贡献率/%	87.286	12.714	0	0	0	0	0
累积贡献率/%	87.286	100	100	100	100	100	100

综合 7 项测定指标，计算各性状的主成分得分，并进行排序，得分高者为最佳预选方案，评估结果见表 6.2。从表 6.2 可以看出，C2 处理主成分得分最高，为 2.25247，C1 处理主成分得分最低，为 −2.64440，所以，各处理核桃综合经济品质的排序为 C2＞C3＞C1，故 C2 处理核桃整体表现最佳，为参考种植模式。

表 6.2　　　　　　　　　　各处理核桃主成分得分

处理组	灌水定额/mm	因子得分	主成分得分
C1	15	−1.06981	−2.64440
C2	30	0.91125	2.25247
C3	45	0.15856	0.39194

6.6　不同生育阶段灌水定额对叶面积指数的影响

综合 2015 年（观测期为 2015 年 4 月 23 日—9 月 8 日）与 2014 年（2014 年 6 月 29 日—9 月 7 日）LAI 各生育阶段变化数据，研究不同灌水定额对核桃树 LAI 的影响，分析结果见图 6.11 和表 6.3。

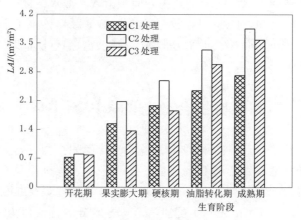

（a）2015年

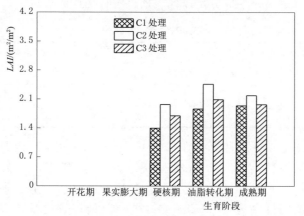

（b）2014年

图 6.11　不同生育阶段不同灌水定额下 LAI 变化

表 6.3　　　　　　　　不同生育阶段不同灌水定额下 LAI 增长率变化

生育阶段	2015 年			2014 年		
	C1 处理	C2 处理	C3 处理	C1 处理	C2 处理	C3 处理
果实膨大期	113.72%	157.74%	74.82%			
硬核期	28.38%	24.66%	35.79%			
油脂转化期	18.49%	28.87%	60.88%	33.17%	24.86%	22.94%
成熟期	15.88%	15.35%	19.76%	4.31%	−11.01%	−5.65%

由图 6.11 可以看出，2015 年，随着各生育期的进行，各灌水处理下的 LAI 均呈现不断上升态势，其中，尤以 C2 处理的 LAI 值为最大。对比 2015 年 LAI 观测数据，2014 年 LAI 观测值普遍偏小。在 3 个生育阶段，油脂转化期 LAI

最大，成熟期 LAI 次之，硬核期最小。截至核桃采收前，2015 年 C1、C2、C3 处理 LAI 分别为 2.718m²/m²、3.852m²/m²、3.579m²/m²；2014 年 C1、C2、C3 处理 LAI 分别为 1.946m²/m²、2.190m²/m²、1.973m²/m²。结果表明，2015 年核桃树生长更为旺盛，枝叶繁茂为果实发育提供更多能量，最终产值测定数据也显示 2015 年核桃干产量大于 2014 年核桃干产量。

由表 6.3 可知，果实膨大期核桃增长率最大，之后逐渐减小，显示出灌水处理对果实膨大期的影响最为显著。在核桃成熟期，2015 年 LAI 依然处于增长状态，但已逐渐趋于平缓，而 2014 年 LAI 已经呈现负增长状态，说明 2014 年果实成熟较早，枝叶逐渐枯萎。

第 7 章　成龄核桃树根区土壤温度动态研究

土壤的热状况影响土壤盐分、水分和养分，是土壤肥力的必要因素[250]。衡量土壤热状况的尺度是土壤温度，土壤温度的日际、年际变化对土壤内部生物物理和化学过程影响非常强烈[251]。微灌技术之所以能够节水增产，其中很重要的一个原因是灌水定额小，湿润部分土体，较地面灌极大地改善了土壤温度，提高作物根系活力，进而促进了作物根系对水肥的吸收能力。本章通过对全生育期内各处理地温日变化的连续监测，定量分析微灌对核桃根区土壤温度的影响，从改善地温的角度揭示核桃微灌技术的节水增产机理。

7.1　不同生育期灌水技术对核桃树地温的影响

7.1.1　开花结果期

7.1.1.1　灌水技术对核桃树各层地温的日变化的影响

开花结果期不同灌水技术下核桃树根区各层地温日变化如图 7.1 所示，图 7.1（a）～（e）分别为微灌 2 管、3 管、4 管、小管出流及地面灌处理核桃根区不同深度土壤温度的日变化。

由图 7.1 可知，微灌与地面灌各处理核桃树根区土壤温度的日变化不尽相同：微灌处理中除 3 管 ［图 7.1（b）］和小管出流 ［图 7.1（d）］地温的日变化影响深度较小，25cm 深度地温几乎没有变化，其余各处理的土壤温度日变化影响深度均深达 25cm。地面灌处理的地温日变化影响深度仅仅达到 10cm。分析原因认为，由于地面灌灌水量大，且为全面湿润，土壤三相比中，液相与气相比大于微灌各处理的液相与气相比，所以地面灌条件下土壤的热容量大于微灌各处理，在白天吸收相同热量后，地面灌处理的核桃根区土壤升温较微灌慢，因此接受太阳辐射后地温变化的影响深度小于微灌处理。

由图 7.1 还可以发现，对于表层 5cm 和 10cm 的地温来讲，微灌各处理与地面灌均表现出随时间的推移地温逐渐升高，都在 16：00 达到最大值，具体变化又不尽相同；与地面灌相比，8：00—10：00 微灌各处理表层 5cm 和 10cm 的地温明显低于 15cm 深度的，且表现出微灌各处理表层 5cm 和 10cm 地温的升温速度明显快于地面灌溉。微灌各处理 15cm 深度的地温较 5cm、10cm 的表现出一

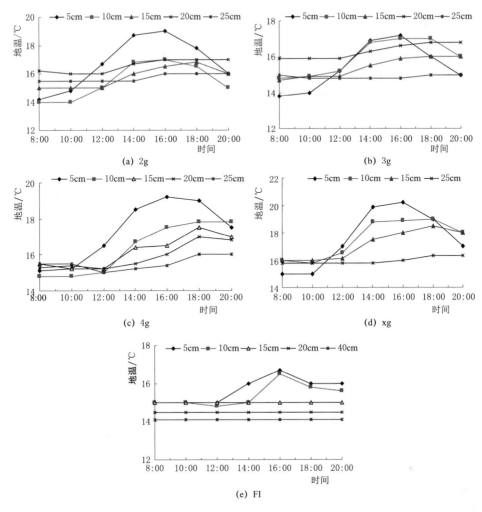

图 7.1　开花结果期不同灌水技术下核桃树根区各层地温的日变化

（地温测定日期 2009 年 5 月 6 日）

定的滞后性，但该生育期内分析 15cm 深度地温随时间推移逐渐升高，地面灌处理 15cm 的地温在观测时段内没有变化，地温出现上述现象的原因可能是，开花结果期的核桃园，树冠没有完全形成，地温受太阳辐射的影响极大，夜间由于没有冠层的反射，地表热量主要通过长波辐射散失。与前述原因相似，由于灌溉量较地面灌小，微灌各处理根区土壤组成中液相较地面灌的液相含量低，土壤导热性较地面灌的高，因此在晴朗的夜间强烈的地面长波辐射作用下，表层土壤热量散失较地面灌处理的高很多，所以出现了早上微灌处理核桃树根区土壤温度较地面灌的低。

7.1.1.2　灌水技术对核桃树根区日平均地温的影响

开花结果期不同灌水技术下核桃树根区日平均地温的变化如图 7.2 所示。由图 7.2 可以发现，8：00 与 10：00，微灌灌水处理（2g、3g、4g、xg）核桃树根区 0～25cm 深度内的平均地温分别为 14.98℃、14.84℃、15.24℃、15.7℃和 15.06℃、14.9℃、15.22℃、15.62℃，对照两个时间点地面灌同一深度平均地温均为 14.72℃。两个时段微灌各处理核桃树根层平均地温较地面灌分别提高 0.8%～6.7%和 1.2%～6.1%，微灌各处理在 8：00—10：00 对核桃根区土壤有一定的增温作用，但效果不是很明显。12：00—20：00，微灌各处理（2g、3g、4g、xg）的平均地温较地面灌地温提高了 7.5%、4.5%、5.6%、12.5%。就全天的平均地温而言，微灌各处理的核桃根区土壤温度较地面灌处理高 4.5%～14.3%，体现了微灌技术在春季提高根区地温方面的优点。对甜瓜、辣椒、茄子等作物研究表明[252-255]，随着根区土壤温度的提高，各种作物的生理生长指标均有增加的趋势，同时根区增温后，作物幼苗的光合速率、植株干物质累积量均有所提高。

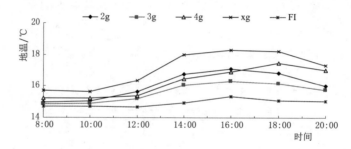

图 7.2　开花结果期不同灌水技术下核桃根区日平均地温的变化

（地温测定日期 2009 年 5 月 6 日）

由图 7.2 可知，微灌各处理对开花结果期核桃树根区平均地温影响不尽相同，微灌处理（2g、3g、4g、xg）核桃树根区 0～25cm 深度内日平均地温分别为 16.0℃、15.6℃、16.2℃、17.1℃，xg 处理的核桃根区土壤温度分别较其他三种灌水技术高 6.4%，9.4%，5.1%，增温效果最佳。

7.1.2　果实膨大期

7.1.2.1　灌水技术对核桃树各层地温的日变化的影响

果实膨大期不同灌水技术下核桃根区各层地温日变化如图 7.3 所示，图 7.3（a）～（e）分别为微灌 2 管、3 管、4 管、小管出流及地面灌处理核桃根区不同深度土壤温度的日变化。从图 7.3 发现，果实膨大期各处理表层 5cm 和 10cm 深度的土壤温度均表现出随时间的推移，地温先增大后减小。对于微灌各处理，

15cm、20cm 和 25cm 深度的地温在观测时段内，随时间的推移地温在上升，与表层地温相比有一定的滞后性。对于微灌各处理来讲，在观测时段内 20：00 较 8：00 土壤平均温度的增幅为 3.16℃、2.18℃、2.78℃、2.84℃，地面灌处理的核桃根区土壤温度增幅为 1.58℃。从单日温度增幅来讲，微灌各灌水处理较地面灌有显著的提高。由图中还可以发现，对于地面灌处理，20cm 深度温度变幅明显小于微灌各处理，表明地面灌处理的核桃根区土壤温度的影响深度在 20cm 左右。

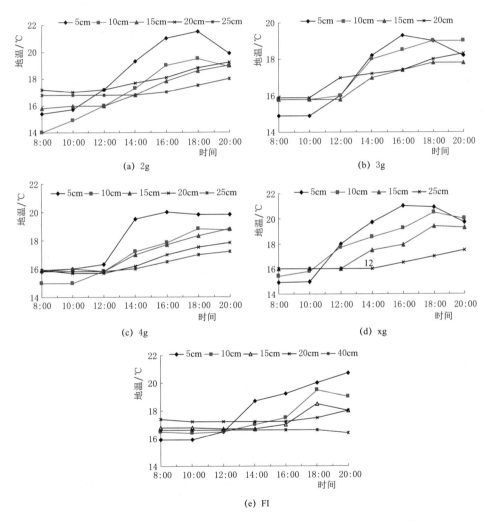

图 7.3　果实膨大期不同灌水技术下核桃树根区各层地温的日变化
（地温测定日期 2009 年 6 月 3 日）

7.1.2.2 灌水技术对核桃树根区日平均地温的影响

果实膨大期，不同灌水技术下核桃根区日平均地温的变化如图 7.4 所示。由图 7.4 发现，8：00 与 10：00，微灌灌水处理（2g、3g、4g、xg）核桃树根区平均地温分别为 15.84℃、15.60℃、15.68℃、15.58℃和 16.08℃、15.60℃、15.70℃、15.70℃，同一时段地面灌平均地温均为 16.36℃和 16.28℃。两个时段，微灌各处理核桃树根层平均地温较地面灌分别低 3.2%～4.8%和 3.6%～4.2%，与地面灌相比，微灌各处理在 8：00—10：00 对核桃根区土壤不但没起到增温作用，反而降低了核桃根区的土壤温度。13：00 以后，微灌各处理的日平均温度均高于地面灌处理，微灌各处理核桃根区平均地温较地面灌处理高 0.7%～4.4%，体现出一定的增加地温效果。

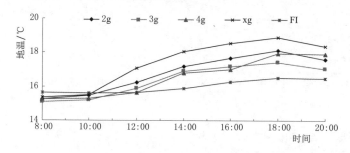

图 7.4　果实膨大期不同灌水技术下核桃根区日平均地温的变化

（地温测定日期 2009 年 6 月 3 日）

由图 7.4 可知，微灌各处理对果实膨大期核桃根区平均地温影响不尽相同，微灌处理（2g、3g、4g、xg）核桃树根区日平均地温分别为 17.56℃、17.13℃、17.00℃、17.62℃，xg 处理的核桃根区土壤温度分别较其他三种灌水技术高 0.4%、2.8%、3.5%，增温效果最佳，但与开花结果期时的增温效果比较，有所降低。

7.1.3　硬核期

7.1.3.1 灌水技术对核桃树各层地温的日变化的影响

硬核期不同灌水技术下核桃根区各层地温日变化如图 7.5 所示，图 7.5 （a）～（e）分别为微灌 2 管、3 管、4 管、小管出流及地面灌处理核桃根区不同深度土壤温度的日变化。从图 7.5 可以看出，硬核期各灌水处理表层 5cm 和 10cm 深度的土壤温度均表现出随时间的推移，地温先增大后减小，且基本在 18：00 表层土壤温度达到最大值。对于微灌各处理，15cm、20cm 和 25cm 深度的地温在观测时段内，随时间的推移地温在上升，与前几个生育阶段一样表现出一定的滞后性。对于微灌各处理来讲，在观测时段内 20：00 较 8：00 微灌灌水处理土壤平均温度的增幅为 5.12℃、3.08℃、3.86℃、3.2℃，与果实膨大期相比，观测时段内各处理单日的根区土壤地温的日变幅有所提高，分析认为主要是受周围环境因子的影响，即随着时间的推移周围温度和日间太阳辐射逐渐增强导致地温的日变幅增大。对照地面灌处理的核桃根区土壤温度增幅为 2.68℃。观测时段内微灌各处理较地面灌的地温相应增加了 51%、14.9%、44.0%、19.4%，从单日温度增幅来讲，微灌各灌水处理较地面灌有显著的提高。由图中还可以发现，对于地面灌处理，20cm 深度温度变幅明显小于微灌各处理，表明地面灌处理的核桃根区土壤温度的影响深度在 20cm 左右，明显小于微灌处理。

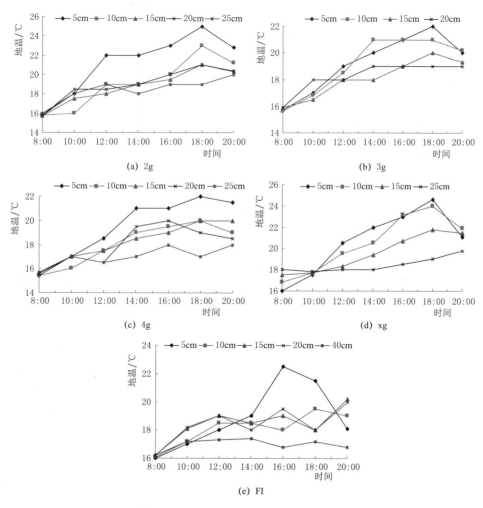

图 7.5　硬核期不同灌水技术对核桃根区各层地温日变化的影响

（地温测定日期 2009 年 6 月 21 日）

7.1.3.2　灌水技术对核桃树根区日平均地温的影响

硬核期不同灌水技术处理下核桃根区日平均地温的变化如图 7.6 所示。由图 7.6 容易发现，各处理根区的日平均地温变化与前两个生育期略有不同，地温的日变化没有像前两个生育期那样出现先慢后快再慢的趋势，各处理地温的变化整体呈现出先快后慢的趋势。分析原因可能是，硬核期核桃树形成了稳定的冠层，夜间地表长波辐射散热过程较前两个生育期有所减弱，所以前两个生育期出现的 10：00 以前平均地温低于地面灌的现象不再存在。此时地温的变化受辐射影响程度减弱，主要依靠地表和周围空气的热量交换为主，所以平均地温的日变化和前两个生育期有所不同。微灌各处理（除 4 管外）较地面灌日平均地温低 1.1% 外，其余各处理均较地面灌高 1.8%～6.7%，体现了微灌技术较好的增温效果。

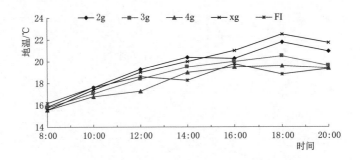

图 7.6　硬核期不同灌水技术下核桃根区日平均地温的变化

由图 7.6 可知，微灌各灌水处理对硬核期核桃根区平均地温影响不尽相同，就核桃根区土壤平均地温而言，微灌灌水处理（2g、3g、4g、xg）核桃树根区 0～25cm 深度内日平均地温分别为 19.45℃、18.69℃、18.16℃、19.60℃，xg 处理的核桃根区土壤温度分别较其他三种灌水技术高 0.7%、4.8%、7.9%，增温效果最佳，但与开花结果期时的增温效果比较，有所降低，但增幅高于果实膨大期。

7.1.4　油脂转化期

7.1.4.1　灌水技术对核桃树各层地温的日变化的影响

油脂转化期不同灌水技术下核桃根区各层地温日变化如图 7.7 所示，图 7.7（a）～（e）分别为微灌 2 管、3 管、4 管、小管出流及地面灌处理核桃根区不同深度土壤温度的日变化。从图 7.7 可以看出，油脂转化期微灌各处理中，2 管和小管出流处理地温的影响深度深达 25cm，但不同深度各处理地温的变化不尽相同。各处理 5cm 和 10cm 的地温均表现出随时间的推移，地温先增大后减小，且基本在 16：00 表层土壤温度达到最大值，微灌各处理 15cm、20cm、25cm 深度的地温在观测时段内随时间的推移一直处于上升趋势，基本上都在观测时段末的 20：00 达到最大值，说明在观测时段内，核桃根区的深层土壤一直处于吸热过程，所以才呈现出深层土壤温度持续升温的现象。对于微灌各处理来讲，在观测时段内 20：00 较 8：00 微灌灌水处理（2g、3g、4g、xg）土壤平均温度的增幅为 4.25℃、4.20℃、2.40℃、3.50℃，与果实膨大期的地温日增幅相当，对照地面灌处理的核桃根区土壤温度增幅为 5.81℃。观测时段内微灌各处理较地面灌处理的地温相应减少了 26.72％、27.59％、58.62％、39.66％，从单日温度增幅来讲，该生育期微灌各处理温度增幅较地面灌小。

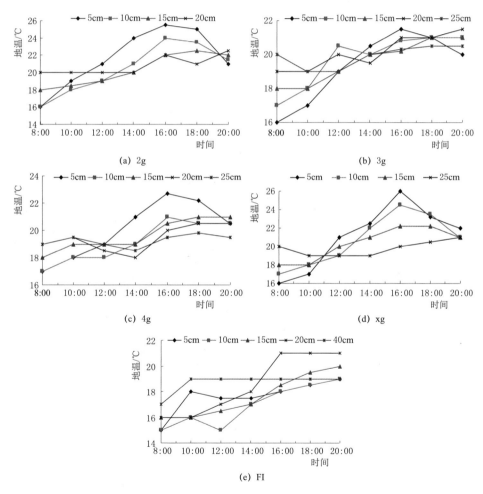

图 7.7　油脂转化期不同灌水技术对核桃根区各层地温日变化的影响

（地温测定日期 2009 年 7 月 30 日）

7.1.4.2 灌水技术对核桃树根区日平均地温的影响

油脂转化期不同灌水技术下核桃树根区日平均地温的变化如图7.8所示。由图7.8发现，微灌各灌水处理日平均地温整体高于地面灌处理，其中，2管和小管出流日平均温度变化规律相似，均呈现出先增大后减小的趋势，日平均温度在16：00达到最大值，3管和4管处理的日平均地温的变化与地面灌相似，在观测时段内的地温一直处于上升的状态。微灌各处理中日平均地温在19.51～20.88℃之间变化，较地面灌高10.7%～18.51%，为全生育期内增温最明显的生育期，分析原因可能是在该生育期实际生产中往往采取人为控水，从而促进光合同化产物向果实转化，由于微灌各处理整体灌溉量小，所以根区土壤的热状况优于地面灌处理。

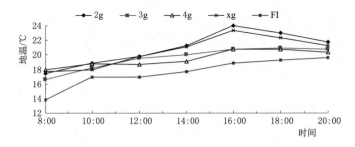

图7.8　油脂转化期不同灌水技术下核桃根区日平均地温的变化

由图7.8可知，微灌各灌水处理对油脂转化期核桃树根区平均地温影响不尽相同，土壤平均地温而言，微灌灌水处理（2g、3g、4g、xg）核桃树根区日平均地温分别为20.88℃、19.54℃、19.51℃、20.50℃，2管处理的核桃根区土壤温度分别较其他三种灌水技术高6.8%、7.0%、1.8%，增温效果最佳。

7.2　全生育期灌水技术对核桃树各月地温的影响

不同灌水处理核桃树根区25cm深度范围内12：00土壤平均温度如图7.9所示，从图中可以看出，同一年，不同灌水处理下12：00核桃树根区25cm深度范围内土壤平均温度变化规律相似，4—8月，核桃根区土壤温度整体呈上升趋势。2009年核桃树根区土壤温度微灌各处理在15.6～21.5℃之间变化，生育期内温度增幅5.9℃；地面灌处理在14.9～19.4℃之间变化，生育期内温度增幅4.5℃。2010年核桃树根区土壤温度微灌各处理在12～23.6℃之间变化，生育期内温度增幅11.6℃；地面灌处理在11.6～21.4℃之间变化，生育期内温度增幅10.8℃。2010年各处理的地温在5月18日出现了最低值，各处理12：00的温度在11.6～13.2℃之间变化，地温的突然下降主要是由于反常的气候所导致。

但根据两年的数据来看，在整个生育期内，微灌各处理地温的增幅较地面灌高1.5℃左右，进一步说明核桃灌溉采用微灌技术后，有利于提高地温。

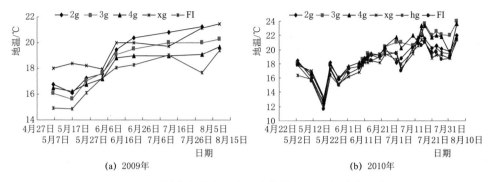

(a) 2009年　　　　　　　　　　　　(b) 2010年

图 7.9　不同灌水技术下全生育期核桃地温的动态变化

第8章 灌水技术和灌水定额对成龄核桃树产量与品质的影响

作物产量是评价某种灌水方法优劣的一个重要指标,随着人们生活水平的不断提高,对农产品的质量也提出了更高的要求,因此核桃坚果的品质,如蛋白质含量、脂肪含量和出仁率等也逐渐受到广大消费者的关注,核桃生产也逐渐从单纯提高果实产量逐渐向追求果实品质最优转化。本章重点研究不同灌水技术和灌水定额对核桃产量、水分利用效率及品质的影响,以产量和水分利用效率最优为主要评价指标,同时参考核桃坚果品质,最终确定最适宜的成龄核桃树微灌灌水技术和灌水定额。

8.1 不同灌水技术对核桃产量品质的影响

8.1.1 灌水技术对核桃产量及水分利用效率的影响

8.1.1.1 对核桃产量及水分利用效率的影响

收获期在每个小区内选择 3 棵核桃树单独测量产量。称鲜果实的重量,计算平均单棵树的果实数量和果实重量,随机选择 100 颗核桃,晒干后称百粒重和单粒的重量,根据晒前、晒后的百粒重计算得出干湿系数,根据每个试验小区单棵树平均干核桃产量,计算亩均核桃产量。根据各处理的累积耗水量及产量推求各处理水分利用效率 WUE,水分利用效率用每立方米水产生多少千克干物质来表示。

$$WUE = Y_a / ET \qquad (8.1)$$

式中:WUE 为水分利用效率,kg/m^3;Y_a 为作物产量,kg/hm^2;ET 为实际耗水量,mm。

不同灌水技术下各处理产量及水分利用效率见表 8.1。

从表 8.1 可以看出,不同灌水技术下核桃的产量在 4204.5~5393.8kg/hm² 间变化,较地面灌处理高 $-13.6\%\sim10.8\%$,微灌处理的核桃产量从大到小排序为:3g > xg > hg > 4g > 2g。微灌处理下,核桃水分利用效率在 0.47~0.57kg/m³ 间变化,较地面灌处理高 9.3%~32.5%,微灌处理的核桃水分利用效率按从大到小顺序排列为:3g > 2g > xg > 4g > hg。虽然核桃产量微灌较地面灌仅 3 管有一定的提高，其余各处理的产量较地面灌低，但微灌各处理的水分利用效率均高于地面灌处理。

表 8.1　　　　　　　　不同灌水技术下各处理产量及水分利用效率

处理	耗水量/mm	产量/(kg/hm²)	WUE/(kg/m³)
2g	756.9	4204.5	0.56
3g	948.5	5393.8	0.57
4g	954.2	4701.0	0.49
xg	966.1	4854.0	0.50
hg	1024.4	4823.5	0.47
FI	1142.7	4869.6	0.43

8.1.1.2　灌水技术下核桃产量与耗水量的关系

核桃产量和耗水量之间的关系如图 8.1 所示，从图中可以看出，随着耗水量逐渐增大，核桃产量也不断增大，但当产量达到 5000kg/hm² 时开始出现了"报酬递减"现象，所得结果与白云岗[256]对极端干旱区微灌成龄葡萄的研究结果相似。

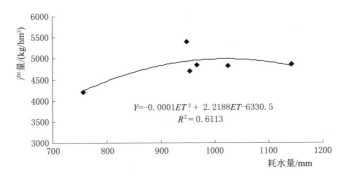

图 8.1　核桃产量和耗水量之间的关系

核桃产量与耗水量之间的拟合函数见式（8.2）：

$$Y = -0.0001ET^2 + 2.2188ET - 6330.5 \quad (R^2 = 0.6113) \quad (8.2)$$

从（8.2）式可以得到，在保证核桃高产的前提下，最优的耗水量应该为 950～1000mm。

8.1.2　灌水技术对核桃品质的影响

8.1.2.1　对核桃蛋白质含量的影响

蛋白质是一切生命的物质基础，没有蛋白质就没有生命。核桃中含有 14%～20% 的优质蛋白质，其可消化率达 87.2%。核桃蛋白中 18 种氨基酸种类，人体生理所需要的谷氨酸、天冬氨酸、精氨酸含量均较高[257,258]。因此，核桃蛋白是一种很好的蛋白源，深受人们的喜欢。蛋白质含量是核桃坚果质量优劣的重要评价指标。

不同灌水技术下核桃蛋白质含量如图 8.2 所示。2009 年，不同灌水技术蛋白质含量为 16.3%～19.4%，平均值为 17.88%，蛋白质含量大小关系为 3g(19.40%)＞xg(19.30%)＞2g(17.6%)＞hg(17.4%)＞4g(17.2%)＞FI(16.3%)；2010 年，不同灌水技术蛋白质含量为 15.3%～17.0%，平均值为 16.45%，蛋白质含量大小关系为 3g(17.0%)＞xg(16.9%)＞4g(16.7%)＞hg(16.6%)＞2g(16.2%)＞FI(15.3%)；两年的蛋白质含量经过方差分析差异不显著，说明各灌水技术对核桃的蛋白质含量无显著影响。

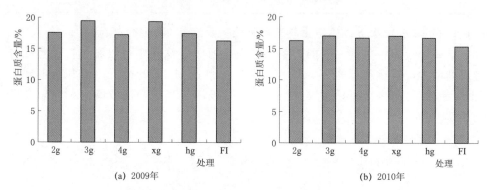

图 8.2　不同灌水技术对核桃蛋白质含量的影响

8.1.2.2　对核桃脂肪含量的影响

不同灌水技术下核桃脂肪含量如图 8.3 所示。2009 年，脂肪含量为 66.4%～69.4%，平均值为 68.08%，脂肪含量大小关系为 3g(69.4%)＞2g(68.9%)＞hg(68.4%)＝xg(68.4%)＞4g(67.0%)＞FI(66.4%)；2010 年，脂肪含量为 65.7%～67.3%，平均值为 66.37%，脂肪含量大小关系为 2g

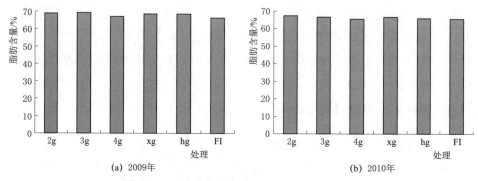

图 8.3　不同灌水技术对核桃脂肪含量的影响

（67.3%）＞xg（66.8%）＞3g（66.7%）＞hg（66.0%）＞4g（65.7%）＝FI（65.7%）；两年的脂肪含量经过方差分析差异不显著，说明各灌水技术对核桃的脂肪含量无显著影响。

8.1.2.3 对核桃出仁率的影响

随机抽取100个核桃，分别称单个核桃的重量和去皮后核桃仁的重量。核桃仁的重量占核桃果重量的比重就是出仁率。

不同灌水技术下核桃出仁率如图8.4所示。2009年，核桃出仁率为65.45%～68.57%，平均值为67.12%，出仁率大小关系为3g（68.57%）＞2g（67.53%）＞4g（67.44%）＞xg（67.39%）＞hg（66.36%）＞FI（65.45%）；2010年，出仁率为69.11%～72.24%，平均值为70.4%，出仁率大小关系为3g（72.24%）＞hg（71.05%）＞xg（70.74%）＞4g（69.70%）＞2g（69.63%）＞FI（69.11%）；两年的出仁率经过方差分析差异不显著，说明各灌水技术对核桃出仁率无显著影响。

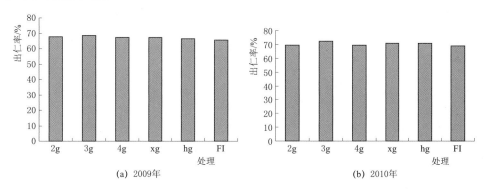

（a）2009年　　　　　　　　　　　　（b）2010年

图8.4　不同灌水技术对核桃出仁率的影响

8.1.2.4 对核桃单果重的影响

随机抽取100个核桃，分别称单个核桃的重量。

不同灌水技术下核桃单果重如图8.5所示。2009年，单果重为11.62～12.90g，平均值为12.25g，单果重大小关系为xg（12.90g）＞2g（12.67g）＞hg（12.37g）＞FI（12.28g）＞3g（11.68g）＞4g（11.62g）；2010年，单果重为9.66～10.82g，平均值为10.14g，单果重大小关系为3g（10.82g）＞2g（10.52g）＞FI（10.16g）＞4g（9.93g）＞xg（9.75g）＞hg（9.66g）。两年的单果重经过方差分析差异不显著，说明各灌水技术对核桃的单果重无显著影响。

8.1.2.5 对核桃单果体积、纵横径的影响

随机抽取100个核桃，分别测单个核桃的纵横径并且计算体积。

不同灌水技术下核桃单果体积如图8.6所示。2009年，单果体积为22.52～24.69cm³，平均值为23.83cm³，单果体积大小关系为xg（24.69cm³）＞2g

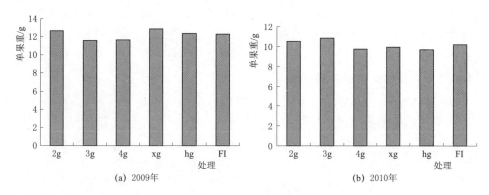

图 8.5　不同灌水技术对核桃单果重的影响

$(24.44\text{cm}^3)>\text{hg}(24.41\text{cm}^3)>\text{FI}(23.79\text{cm}^3)>3\text{g}(23.14\text{cm}^3)>4\text{g}(22.52\text{cm}^3)$；2010 年，单果体积为 $21.52\sim23.84\text{cm}^3$，平均值为 22.52cm^3，单果体积大小关系为 $3\text{g}(23.84\text{cm}^3)>2\text{g}(22.94\text{cm}^3)>\text{FI}(22.34\text{cm}^3)>4\text{g}(22.32\text{cm}^3)>\text{xg}(22.15\text{cm}^3)>\text{hg}(21.51\text{cm}^3)$；两年的单果体积经过方差分析差异不显著，说明各灌水技术对核桃的单果体积无显著影响。

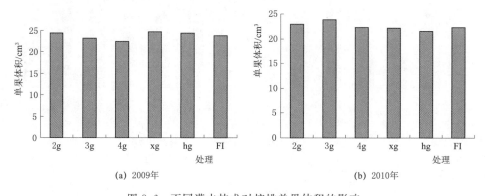

图 8.6　不同灌水技术对核桃单果体积的影响

不同灌水技术下核桃纵横径如图 8.7 和图 8.8 所示。2009 年，单果纵径在 $39.68\sim41.11\text{mm}$，平均值为 40.22mm，单果纵径大小关系为 $\text{xg}(41.11\text{mm})>\text{hg}(40.90\text{mm})>3\text{g}(39.97\text{mm})>\text{FI}(39.85\text{mm})>4\text{g}(39.79\text{mm})>2\text{g}(39.68\text{mm})$，单果横径为 $32.88\sim34.30\text{mm}$，平均值为 33.64mm，单果横径大小关系为 $2\text{g}(34.30\text{mm})>\text{xg}(33.87\text{mm})>\text{FI}(33.76\text{mm})=\text{hg}(33.76\text{mm})>3\text{g}(33.25\text{mm})>4\text{g}(32.88\text{mm})$。2010 年，单果纵径为 $39.46\sim41.06\text{mm}$，平均值为 40.24mm，单果纵径大小关系为 $3\text{g}(41.06\text{mm})>\text{FI}(40.70\text{mm})>4\text{g}(40.23\text{mm})=\text{xg}(40.23\text{mm})>2\text{g}(39.74\text{mm})>\text{hg}(39.46\text{mm})$，单果横径为 $32.26\sim33.30\text{mm}$，平均值为 32.69mm，单果横径大小关系为 $3\text{g}(33.30\text{mm})>$

2g（33.20mm）＞ 4g（32.55mm）＞ xg（32.43mm）＞ FI（32.38mm）＞ hg（32.26mm）；两年的单果纵横径经过方差分析差异不显著，说明各灌水技术对核桃的纵横径无显著影响。

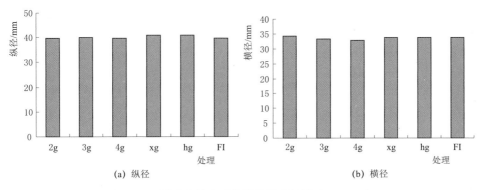

图 8.7　不同灌水技术对核桃纵横径的影响（2009 年）

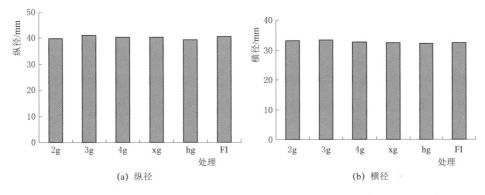

图 8.8　不同灌水技术对核桃纵横径的影响（2010 年）

通过上述分析容易发现，各灌水技术核桃坚果的蛋白质含量、脂肪含量、单果重等指标，虽然各处理品质分析无显著差异，但 3 管处理高于其他灌水处理，一方面说明在一定灌水处理范围内，核桃品质对灌水处理不敏感，另一方面说明 3 管处理的灌水技术最适于提高核桃坚果的品质。

8.2　不同灌水定额对核桃产量品质的影响

8.2.1　灌水定额对核桃产量的影响

8.2.1.1　对核桃产量及水分利用效率的影响

不同灌水定额下各处理产量及水分利用效率见表 8.2。

表 8.2 不同灌水定额下各处理产量及水分利用效率

处理	耗水量/mm	产量/(kg/hm²)	WUE/(kg/m³)
W1	782.0	5100	0.65
W2	927.3	6271	0.68
W3	959.2	5700	0.59
FI	1052.7	5900	0.56

从表 8.2 中可以看出，微灌处理核桃的产量在 5100～6271kg/hm² 间变化，较地面灌处理高－13.6%～6.3%，核桃产量从大到小排序为：W2＞W3＞W1。微灌各处理核桃的水分利用效率在 0.59～0.68kg/m³ 间变化，较地面灌处理高7.1%～21.4%，虽然核桃产量微灌较地面灌仅有 W2 有一定的提高，其余两个处理的产量较地面灌低，但微灌各处理的水分利用效率均高于地面灌的，反映出微灌节水、高效和增产的特点。W3 的灌水量最大，水分利用效率却低，违背了微灌核桃节水的初衷；W1 的灌水量最小，但是它的产量却是所有处理中最小的，不利于在实际生产中推广；而 W2 水分利用效率最大，产量也是最高的，因此可以判断出处理 W2 能实现微灌核桃的高产高效，在实际生产中也较为容易推广。

8.2.1.2 不同灌水定额下产量与耗水量的关系

从图 8.9 可以看出，微灌条件下，核桃累积耗水量与产量之间呈现二次抛物线关系。随着耗水量从 780mm 增加至 950mm，核桃产量呈现增加的趋势，当耗水量达到 950mm，产量出现最大值，之后随耗水量增大，产量反而开始下降，呈现明显的"报酬递减"现象。

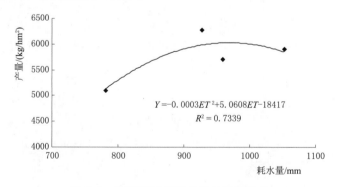

图 8.9 核桃产量和耗水量之间的关系

利用统计分析软件对核桃产量和耗水量之间的关系进行拟合，得到了两者的拟合函数，见式（8.3）。

$$Y = -0.0003ET^2 + 5.0608ET - 18417 \quad (R^2 = 0.7339) \tag{8.3}$$

从式（8.3）可以得到，在保证核桃高产的前提下，最优的耗水量为 900～1000mm。

8.2.2　不同灌水定额对核桃品质的影响

8.2.2.1　对核桃蛋白质含量的影响

不同灌水定额下核桃蛋白质含量如图 8.10 所示，蛋白质含量为 16.7%～17.2%，平均值为 16.87%，蛋白质含量大小关系为 W2（17.2%）＞W1（16.7%）＝W3（16.7%）；在 W2 情况下，蛋白质含量最高，但经过方差分析，各处理蛋白质含量无差异，说明各处理的灌水量对核桃的蛋白质含量无显著影响。

8.2.2.2　对核桃脂肪含量的影响

不同灌水定额下核桃蛋白质含量如图 8.11 所示，脂肪含量为 67%～67.8%，平均值为 67.43%，脂肪含量大小关系为 W2（67.8%）＞W3（67.5%）＞W1（67%）；在 W2 情况下，脂肪含量最高，但经过方差分析，脂肪含量无差异，说明各处理的灌水量对核桃的脂肪无显著影响。

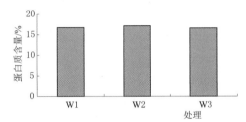

图 8.10　不同灌水定额对核桃蛋白质含量的影响

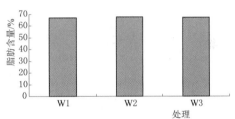

图 8.11　不同灌水定额对核桃脂肪含量的影响

8.2.2.3　对核桃出仁率的影响

不同灌水定额下核桃出仁率如图 8.12 所示，出仁率为 71%～72%，平均值为 71.33%，出仁率含量大小关系为 W2（72%）＞W1（71%）＝W3（71%）；在 W2 情况下，出仁率最高，但经过方差分析，出仁率无差异，说明各处理的灌水量对核桃的出仁率无显著影响。

8.2.2.4　对核桃单果重的影响

不同灌水定额下核桃单果重如图 8.13 所示，单果重在 10.5～10.7g，平均值为 10.6g，单果重大小关系为 W1（10.7g）＞W2（10.6g）＞W3（10.5g）；在 W1 情况下，单果重最重，但经过方差分析，单果重无差异，说明各处理的灌水量对核桃的单果重

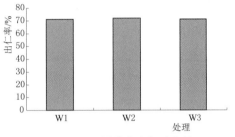

图 8.12　不同灌水定额对核桃出仁率的影响

133

无显著影响。

8.2.2.5　对核桃单果体积、纵横径的影响

不同灌水定额下核桃单果体积和纵、横径如图8.14和图8.15所示，单果体积为24.38~25.06cm³，平均值为24.77cm³，单果体积大小关系为W1(25.06cm³)＞W2(24.86cm³)＞W3(24.38cm³)；单果纵径为37.8~38.1mm，平均值为37.93mm，纵径大小关系为W1(38.1mm)＞W2(37.9mm)＞W3(37.8mm)；单果横径为35.1~35.5mm，平均值为35.33mm，横径大小关系为W1(35.5mm)＞W2(35.4mm)＞W3(35.1mm)；经过方差分析，单果体积、纵横径无差异，说明各处理的灌水量对核桃的单果体积、纵横径无显著影响。

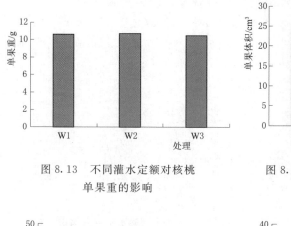

图 8.13　不同灌水定额对核桃　　　图 8.14　不同灌水定额对核桃单果
　　　　单果重的影响　　　　　　　　　　　　体积的影响

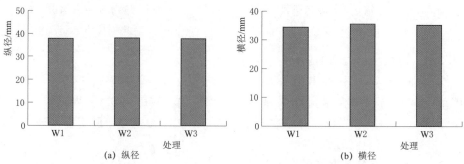

图 8.15　不同灌水定额对核桃纵横径的影响

通过上述分析发现，各灌水处理核桃坚果的蛋白质含量、脂肪含量、单果重等指标，虽然各处理间品质分析无显著差异，但 W2 处理均高于其他灌水处理，一方面说明在一定灌水量范围内，核桃品质对水分变化不敏感，另一方面说明处理 W2 的灌水定额最适于提高核桃坚果的品质。

第9章 微灌核桃树根系空间分布特性研究

植物根系生理功能几乎全部由细根（根径＜2mm）完成，是植物吸收水分和养分的重要器官，对土壤中水分的动态变化影响较大。本章主要研究成龄核桃树微灌和地面灌条件下有效根系和根重的空间分布，建立有效根长密度的一维、二维分布函数，确定微灌和地面灌条件下核桃树在水平和垂直方向上根系活动的密集区。

9.1 微灌幼龄核桃树根系空间分布特性研究

9.1.1 测定方法

9.1.1.1 根系取样方法

于2015年7月7日（油脂转化期）对C2处理核桃树根系进行取样，9月10日（成熟期）进行C1、C2、C3处理根系取样。

根区取样均采用分层分段挖掘法进行。取样时，从树干开始，向行间挖取一个长150cm、深120cm的土壤剖面，并按照30cm（长）×20cm（宽）×20cm（深）进行分层挖掘，共计30个行向根区土样，将田间大致筛取根样装入自封袋中并进行标号处理。在室内实验室中，用水冲洗各自封袋中根样，并自然通风晾干。按照有效吸水根系（细根，根径＜2mm）以及输导根系（粗根，根径≥2mm）分别进行根系图样扫描，扫描设备为HP Scanjet 8200型扫描仪。扫描成图后，通过Delta-T Scan软件分析，得到不同根系径级根长数据。将扫描后的根样分装到不同标号的铝盒中，使用烘箱将根系烘至恒重并称取每份重量。

9.1.1.2 根系密度计算

根长密度和根重密度是集中反映地下根系生长状况的最直接的量化指标，其中，根长密度（m/m^3）为各根系取样点总根长度除以每次取土体积（30cm×20cm×20cm）；根重密度（g/m^3）为各根系取样点总根干重除以每次取土体积（30cm×20cm×20cm）。

9.1.1.3 油脂转化期根系分布

核桃油脂转化期为果实重量与营养迅速增加的阶段，针对此阶段根系分布情况，主要对 C2 处理进行分析研究。

9.1.1.4　根长密度一维分布特征

由图 9.1 可以看出，在垂直方向与水平方向，细根根长密度与总根长密度变化趋势大致相同。

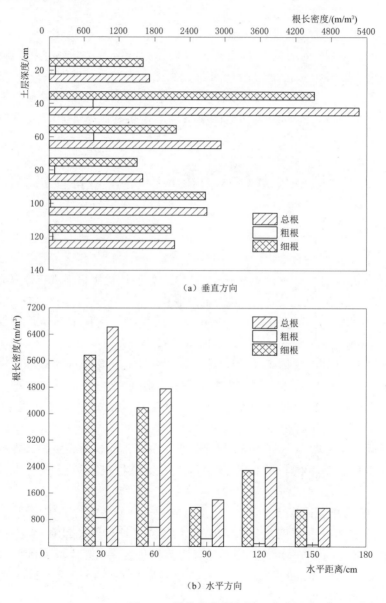

（a）垂直方向

（b）水平方向

图 9.1　根长密度分布图

在垂直方向上，细根与总根呈双曲线变化，20～60cm 土层深度为第一个根长密度分布集中区，其中，细根根长密度占细根总根长密度（14532.431m/m³）的45.98%，总根根长密度占总根长密度（16339.198m/m³）的57.76%。80～100cm土层深度为细根根长密度分布的第二个集中区，占细根总根长密度的18.36%，垂直方向40～60cm为总根根长密度分布的第二个集中区，占总根长密度的17.96%。粗根根长密度呈现单峰变化，20～60cm为集中分布区。

在水平方向上，细根根长密度与粗根根长密度较多分布于距核桃树0～60cm的水平范围内，分别占各自总根长密度的68.49%与69.69%。粗根根长密度随着离树距离的不断增大，密度不断减小。

9.1.1.5　根长密度二维分布特征

根长密度二维分布如图9.2所示。对比细根根长密度二维分布与总根根长密度二维分布，可以看出细根与总根二维分布相似，在土层深度20～60cm与水平距离10～60cm均为根长密度集中分布区，说明此区域是根系活跃区域，在田间管理过程中应该予以重点考虑。

9.1.1.6　根重密度一维分布特征

图9.3为根重密度分别在垂直方向与水平方向的分布图。从图中可以看出，在垂直方向上，各根系根重密度集中分布于20～60cm，其中，细根根重密度占细根总根重密度（1671.667g/m³）的49.95%，粗根根重密度占粗根总根重密度（2708.333g/m³）的92.65%，总根根重密度占总根重密度（4379.999g/m³）的76.35%，说明针对垂直方向根重分布来说，20～60cm是根系分布的重要区域，也是水分、肥料重点管理区域。

在水平方向上，细根根重密度、粗根根重密度与总根根重密度均集中分布

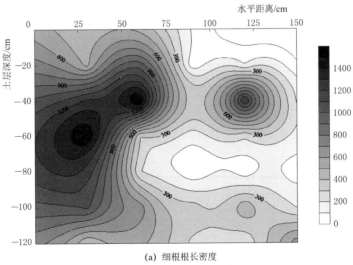

(a) 细根根长密度

图9.2（一）　根长密度二维分布

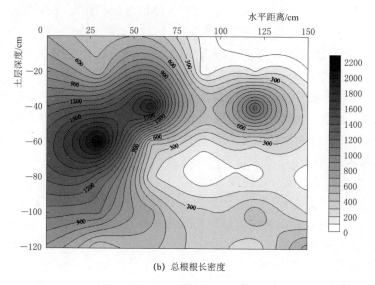

(b) 总根根长密度

图 9.2（二）　根长密度二维分布

于水平方向 0～60cm 范围内，其中，细根根重密度占细根总根重密度的68.84%，粗根根重密度占粗根总根重密度的84.83%，总根根重密度占总根重密度的78.73%。综合根重密度分布可以发现，随着观测水平半径的增大，粗根、总根根重密度均呈现逐渐减小趋势，而细根根重密度则先减小后增大之后逐渐减小。

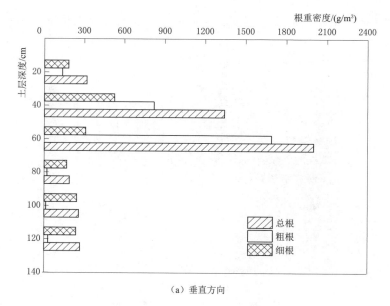

（a）垂直方向

图 9.3（一）　根重密度分布图

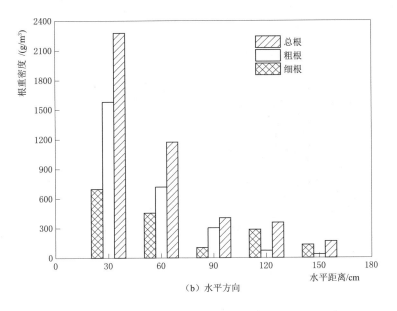

（b）水平方向

图 9.3（二）　根重密度分布图

9.1.1.7　根重密度二维分布特征

核桃根系在垂直深度 120cm 与水平距树干 150cm 范围的根重密度二维分布剖面如图 9.4 所示。由图可知，细根与总根的根重密度分布虽然在整体上略有差异，但根重密度集中区域均为水平方向 0～60cm、垂直方向 0～80cm 的范围，此时，根重密度所占比例也最高，说明此区域为根系生长活跃区，同时，也是根系吸收养分、进行新陈代谢最为旺盛的区域。

9.1.2　成熟期根系分布

直径小于 2mm 的根系是植株真正的吸水根系，决定植物吸收水分与养分的能力，也是灌溉决策制定的重要参考指标。在核桃采收之后，按照 C1、C2、C3 处理分别挖取地下根样，研究各处理吸水根系分布特征。

9.1.2.1　根长密度垂直分布特征

C1、C2、C3 处理吸水根系垂直方向分布见表 9.1。对比 3 组处理，在垂直一维分布中，各根长密度变化趋势相似。在垂直深度 0～60cm，C1、C2、C3 处理根长密度分布较为集中，累计百分比例分别达到 55.63％、51.13％、60.94％，说明滴灌施水和 45cm 埋深处的施肥对上层根系的生长产生影响，促使 0～60cm 阶段的根系生长旺盛。在 80～120cm 土层，各处理根长密度分布也较多，说明此区域同样对水肥吸收较高。

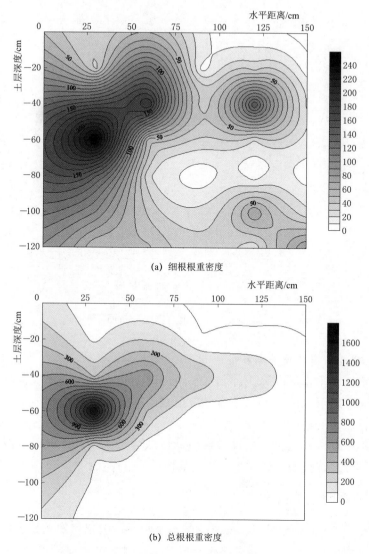

(a) 细根根重密度

(b) 总根根重密度

图 9.4 根重密度二维分布

表 9.1 不同灌水定额下吸水根系根长密度垂直方向分布

垂向深度 /cm	C1 处理		C2 处理		C3 处理	
	根长密度 /(m/m³)	相对比例 /%	根长密度 /(m/m³)	相对比例 /%	根长密度 /(m/m³)	相对比例 /%
0~20	1939.967	9.99	1219.283	8.18	8563.9	27.21
20~40	3386.658	17.43	4971.233	33.37	8131.1	25.83
40~60	5480.042	28.21	1426.415	9.58	2487.53	7.90

续表

垂向深度 /cm	C1 处理		C2 处理		C3 处理	
	根长密度 /(m/m³)	相对比例 /%	根长密度 /(m/m³)	相对比例 /%	根长密度 /(m/m³)	相对比例 /%
60～80	1887.358	9.72	838.692	5.63	1803.512	5.73
80～100	1578.662	8.13	2299.533	15.44	5307.508	16.86
100～120	5153.617	26.53	4142.125	27.8	5183.717	16.47

9.1.2.2 根长密度水平分布特征

由表9.2可以看出，随着距树距离的不断增大，根长密度呈现不断减小的趋势，离树干越近，根长密度越大。在水平方向0～90cm根长密度分布最大，各处理累计比例分别达到75.43%、75.66%、68.85%。

表9.2　　　　　不同灌水定额下吸水根系根长密度水平方向分布

水平距离 /cm	C1 处理		C2 处理		C3 处理	
	根长密度 /(m/m³)	相对比例 /%	根长密度 /(m/m³)	相对比例 /%	根长密度 /(m/m³)	相对比例 /%
0～30	4538.050	23.36	4956.800	33.27	7688.350	24.43
30～60	5554.733	28.59	3493.092	23.45	8073.975	25.65
60～90	4561.192	23.48	2821.562	18.94	5909.804	18.77
90～120	2420.195	12.46	1777.508	11.93	4606.521	14.63
120～150	2352.133	12.11	1848.320	12.41	5198.617	16.52

9.1.2.3 根长密度二维分布

图9.5为不同灌水定额处理下核桃树吸水根系根长密度二维分布情况。从图9.5可知，在C1处理根长密度分布中，吸水根系主要存在于土层深度0～80cm、水平距离0～90cm范围内；C2处理吸水根系分布主要存在于土层深度0～60cm、水平距离0～90cm范围内；C3处理吸水根系分布主要存在于土层深度0～100cm、水平距离0～90cm范围内。从图中可以看出，C3处理吸水根系密度显著大于C1与C2处理，说明C3处理吸水根系分布更为广泛，吸水吸肥能力更强。

9.1.2.4 吸水根系密度回归分析

针对不同灌水定额处理，在土层深度为0～120cm、水平距离为0～150cm的垂直剖面内，分别将C1、C2与C3处理的吸水根根长密度（M）与土壤剖面水平距离（X）、土层深度（Z）进行多元非线性回归拟合，其回归分析模型如下：

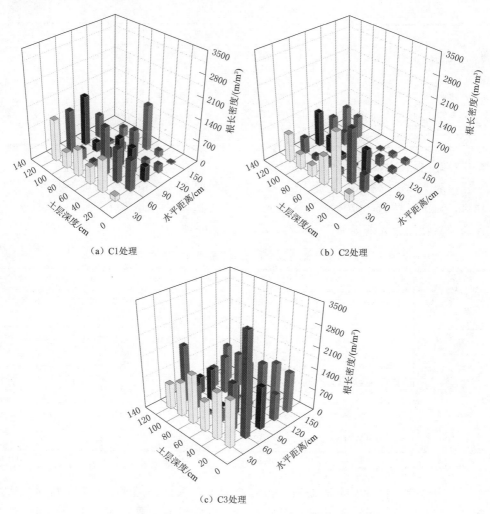

（a）C1处理　　　　　　　　　　　　（b）C2处理

（c）C3处理

图 9.5　不同灌水定额处理下核桃树吸水根系根长密度二维分布

C1 处理

$$M = -0.03X^2 + 2.69X + 0.033Z^2 - 0.68Z - 0.013XZ + 645.465 \quad (r = 0.391)$$

$$(9.1)$$

C2 处理

$$M = 0.041X^2 - 18.779X + 0.067Z^2 - 17.282Z + 0.108XZ + 1921.342 \quad (r = 0.539)$$

$$(9.2)$$

C3 处理

$$M = 0.03X^2 - 14.013X + 0.323Z^2 - 58.292Z + 0.064XZ + 3748.157 \quad (r = 0.637)$$

$$(9.3)$$

由上述非线性回归模型可以看出，距树水平距离与垂向土层深度对 3 组处理的影响效应相差不大。C1 处理中，水平距离正相关于根长密度，土层深度负相关于根长密度，水平距离与土层深度存在拮抗作用，共同影响剖面根长密度分布；C2、C3 处理中，水平距离与土层深度均负相关于根长密度，水平距离与土层深度存在协同作用，共同影响剖面根长密度分布。

使用 1stOpt 进行非线性规划计算，取得以细根根长密度最大化为目标的最优解。C1 处理中，水平距离 18.833cm、土层深度 120cm 为根长密度最大处，此时，最大吸水根系根长密度为 1049.706m/m³；C2 处理中，水平距离 0cm、土层深度 0cm 为根长密度最大处，此时，最大吸水根系根长密度为 1921.342m/m³；C3 处理中，水平距离 0cm、土层深度 0cm 为根长密度最大处，此时，最大吸水根系根长密度为 3748.157m/m³，说明 C2、C3 处理吸水根系分布密集区域较为接近土壤表层。

9.1.2.5 根长密度二维分布函数建立

研究表明，指数函数可以较好地模拟垂直方向与水平方向二维根系分布情况[259-261]，所以，在前人研究根系分布函数的基础上，依据核桃树实测根长密度数据，拟合函数参数，得到数学模型见表 9.3，其中，M 为根长密度，m/m³；X 为水平距离，cm；Z 为土层深度，cm。由表 9.3 可知，指数函数模型拟合结果较差，不能很好地模拟该地区核桃树根系密度分布情况。

表 9.3 　　　　　　　不同灌水定额下核桃树根系密度指数拟合函数

处理	根系密度分布模型	r
C1	$M=e^{6.586-0.005X+0.005Z}$	0.370
C2	$M=e^{6.844-0.008X+0.001Z}$	0.356
C3	$M=e^{7.901-0.004X-0.009Z}$	0.481

利用 1stOpt 进行最佳模型公式拟合，最终结果见表 9.4。从核桃根系密度分布函数可以看出，使用多元函数拟合根系分布结果较好，其中，C1 处理分布模型相关系数表现为高度相关，C2、C3 处理相关系数表现为中度相关。综上，相对于指数分布模型，多元分布模型能更好地模拟核桃吸水根系空间分布规律。

表 9.4 　　　　　　　不同灌水定额下核桃树根系密度分布函数

处理	根系密度分布模型	r
C1	$M=2245078.519-170194.980X+4658.9650X^2-58.669X^3+0.345X^4-0.001X^5$ $-944.13Z+35.590Z^2-0.584Z^3+0.004Z^4-1.172\times10^{-5}Z^5$	0.839
C2	$M=853.146-629.1X+16.642X^2-0.205X^3+0.001X^4-2.563\times10^{-6}X^5+769.844Z$ $-23.479Z^2+0.319Z^3-0.002Z^4+4.863\times10^{-6}Z^5$	0.743

续表

处理	根系密度分布模型	r
C3	$M=19167.7470-1850.6060X+51.4770X^2-0.657X^3+0.004X^4-8.710\times10^{-6}X^5$ $+665.299Z-21.434Z^2+0.285Z^3-0.002Z^4+3.420\times10^{-6}Z^5$	0.752

9.2 微灌和地面灌成龄核桃树有效根系的空间分布特性

9.2.1 微灌和地面灌核桃树有效根系的径向分布

由图 9.6 可知,微灌和地面灌核桃树根系在水平方向主要分布在 0～120cm 之间,微灌占总根系（150cm）的 90.1%,地面灌占总根系（150cm）的 86.2%。微灌处理的核桃根系在距树 45～120cm 的范围内分布较多,并且比较均匀;地面灌处理的核桃树根系随着距树距离的增加而减少。由于滴灌管布置在距离核桃树 100cm,所以在 45～120cm 的范围内,微灌的总根比地面灌的长 6278.9cm;相反地面灌则由于整个地面都有水层,湿润比达到 100%,这样在 120～150cm 范围内地面灌的总根长比微灌的长 578.9cm。相对于地面灌,微灌距树 45～120cm 的根系增多,从而有利于养分的吸收。

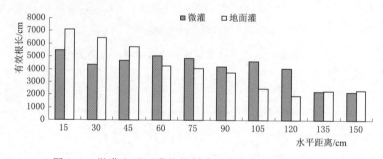

图 9.6 微灌和地面灌核桃树水平方向上有效根长分布

采用堆积面积图对核桃树有效根长进行分析。由图 9.7 和图 9.8 可知,微灌核桃树有效根长在水平方向上与地面灌不同,微灌核桃树有效根长先增大后减小,峰值出现在 100cm 左右处。主要是受滴灌管布设位置影响的结果,滴灌管布设在距离树干 100cm 处,且微灌是局部湿润灌溉,湿润范围在滴灌管两侧 0.5m 处,因此在距离树干 100cm 处根系出现峰值。地面灌的有效根系在水平方向上随距离增加而逐渐递减。

9.2.2 微灌和地面灌核桃树有效根系的垂向分布

从图 9.9 可以看出,在垂直方向上微灌核桃树根系主要分布在 0～90cm 范

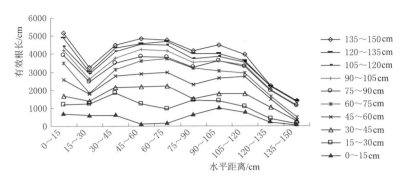

图 9.7　微灌核桃树有效根长水平分布堆积面积

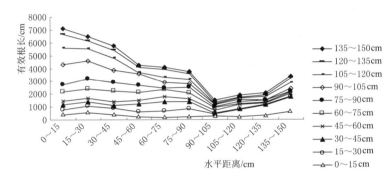

图 9.8　地面灌核桃树有效根长水平分布堆积面积

围内，微灌占总根系（150cm）分布的 90.6%；地面灌核桃树根系主要分布在 0~120cm 范围内，地面灌占总根系（150cm）分布的 83.7%，但地面灌核桃树根系在 0~90cm 范围内占总根系（150cm）分布的 56.1%。微灌处理的核桃树根系在距地面 0~90cm 的范围内分布较多，而地面灌处理的核桃树根系在此范围内明显少于微灌。由于微灌灌水频率高，灌水定额小，水分始终保持在土壤 0~90cm 深度的范围内，有利于根系生长和发育，使核桃有效根系主要分布在此深度范围内。从 90~150cm 的范围内，地面灌的总根比微灌的长 9160cm；是由于地面灌灌水定额较大，水分下渗的深度也较大，使核桃根系在较深范围有一定的分布。

　　由图 9.10 和图 9.11 可知，微灌核桃树有效根长在垂直深度分布上呈现出先随深度的增加而减小，在深度为 90cm 左右处迅速减小，因此，微灌水肥都控制在 0~90cm 之间。地面灌核桃树有效根长在垂直深度分布为 0~30cm 根系增多，而后逐渐减少，到 90~135cm 根系快速增加，达到了峰值，然后又出现了递减的规律。

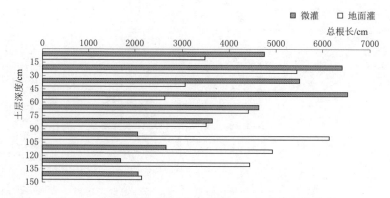

图 9.9 微灌和地面灌核桃树垂直方向上有效根长分布

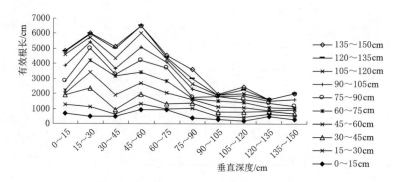

图 9.10 微灌核桃树有效根长垂直分布堆积面积

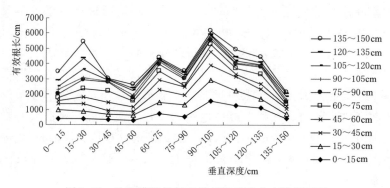

图 9.11 地面灌核桃树有效根长垂直分布堆积面积

9.2.3 微灌和地面灌核桃树有效根长的二维分布特性

9.2.3.1 微灌核桃树有效根长的二维分布特性

微灌核桃树不同深度不同水平距离的有效根长见表 9.5，采用三维柱形图对其分布进行直观的描述（图 9.12）。图 9.12 表明，在水平方向上微灌核桃树根系主要分布在 0～120cm 范围内，占总根系（150cm）分布的 90.1%；在垂直方向上微灌核桃树根系主要分布在 0～90cm 范围内，占总根系（150cm）分布的 90.6%。微灌有效吸水根根长在水平距离 120cm 和垂直深度 90cm 处为分布密集区。在距离树干水平距离 60～100cm 和垂直深度 30～60cm 附近的根区，应作为核桃树水肥管理的重点区域。

表 9.5　　　　　　　　　　　　微灌核桃树有效根长分布表　　　　　　　　　单位：cm

深度 /cm	水平距离/cm									
	0～15	15～30	30～45	45～60	60～75	75～90	90～105	105～120	120～135	135～150
0～15	693.8	586.6	606.7	136.1	177.0	651.8	994.5	770.2	179.4	52.0
15～30	487.8	654.0	1213.5	1085.7	787.3	777.8	406.8	321.6	230.8	60.0
30～45	502.7	134.4	310.6	959.9	1257.8	94.2	397.1	704.2	617.5	177.8
45～60	906.2	415.2	636.7	709.8	747.9	780.8	883.0	959.5	448.9	42.3
60～75	909.4	56.8	374.2	736.0	750.0	898.2	378.2	190.8	134.7	145.9
75～90	414.8	599.3	345.3	244.0	80.1	59.3	548.6	347.0	344.6	628.2
90～105	293.9	191.5	280.8	365.4	390.0	273.2	17.4	83.0	15.6	32.4
105～120	193.3	255.7	357.1	282.5	310.6	215.2	238.2	159.5	228.4	217.8
120～135	485.1	143.1	186.9	67.8	198.2	277.7	168.5	64.5	4.6	43.3
135～150	285.2	229.4	192.8	245.4	82.0	140.8	459.0	370.7	15.5	10.4

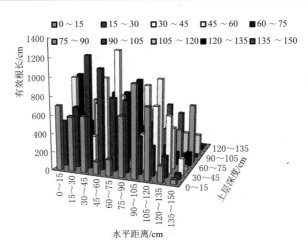

图 9.12　微灌成龄核桃树有效根长空间分布

9.2.3.2　地面灌核桃树有效根长的二维分布特性

地面灌核桃树不同深度不同水平距离有效根长见表 9.6，并采用三维柱形图对其分布进行直观的描述（图9.13）。图9.13表明，在水平方向上地面灌核桃树根系主要分布在0~120cm范围内，占总根系（150cm）分布的86.2%；在垂直方向上地面灌核桃树根系主要分布在0~120cm范围内，占总根系（150cm）分布的83.7%。

表9.6　　　　　　　　　　　地面灌核桃树有效根长分布表　　　　　　　单位：cm

深度 /cm	水平距离/cm									
	0~15	15~30	30~45	45~60	60~75	75~90	90~105	105~120	120~135	135~150
0~15	381.0	576.3	394.2	239.0	157.7	247.6	280.4	238.0	359.7	610.6
15~30	409.2	485.3	500.4	403.3	539.4	587.3	142.1	531.0	744.1	1100.4
30~45	365.4	324.2	224.2	564.5	711.8	589.1	79.0	84.0	52.5	64.1
45~60	304.2	309.9	271.2	284.2	379.5	206.7	218.4	299.5	148.3	212.5
60~75	726.9	732.7	858.4	641.0	580.0	419.2	207.5	80.7	40.2	121.0
75~90	548.9	784.7	634.7	538.8	67.0	444.2	91.4	162.9	141.0	88.1
90~105	1564.0	1374.2	954.9	906.5	480.8	296.6	149.1	167.5	34.6	215.3
105~120	1270.0	960.9	968.7	140.3	369.0	319.6	47.3	130.7	255.7	462.1
120~135	1111.7	595.1	619.1	358.6	642.1	488.8	119.4	23.4	130.2	348.5
135~150	423.7	326.9	317.3	170.6	144.3	141.3	148.7	203.4	165.4	108.8

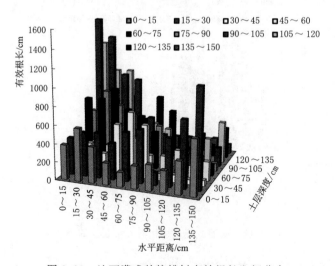

图9.13　地面灌成龄核桃树有效根长空间分布

9.3　微灌和地面灌成龄核桃树有效根长密度函数的建立

9.3.1　微灌核桃树有效根长密度一维分布函数

微灌成龄核桃树一维有效根长密度参数见表9.7。

表9.7　　　　　　　　　微灌核桃树一维有效根长密度参数表

距树干距离 （距地面深度）/cm	距树干距离 （距地面深度） 相对半径	水平分布 有效根长密度 /(cm/cm³)	垂直分布 有效根长密度 /(cm/cm³)
0～15	0.1	1.524	1.616
15～30	0.2	1.289	2.008
30～45	0.3	1.502	1.719
45～60	0.4	1.611	2.177
60～75	0.5	1.594	1.525
75～90	0.6	1.390	1.204
90～105	0.7	1.497	0.648
105～120	0.8	1.324	0.819
120～135	0.9	0.740	0.547
135～150	1.0	0.470	0.677

在水平和垂直方向上对核桃树有效根长密度进行拟合。拟合曲线如图9.14和图9.15所示；拟合函数见式（9.4）和式（9.5）。

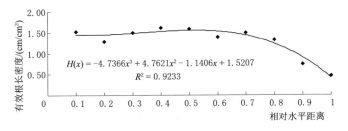

图9.14　微灌核桃树水平方向上有效根长密度分布

（1）水平方向。
$$H(x)=-4.7336x^3+4.7621x^2-1.1406x+1.5207 \quad (R^2=0.9223) \quad (9.4)$$
式中：$H(x)$ 为有效根长密度，cm/cm³；x 为水平距离，cm。

（2）垂直方向。
$$V(z)=12.384z^3-21.592z^2+8.996z+0.9128 \quad (R^2=0.9123) \quad (9.5)$$

149

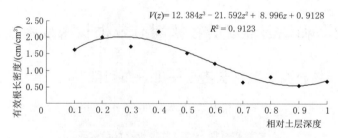

图 9.15　微灌核桃树垂直方向上有效根长密度分布

式中：$V(z)$ 为有效根长密度，cm/cm³；z 为土层深度，cm。

9.3.2　地面灌核桃树有效根长密度一维分布函数

地面灌成龄核桃树一维有效根长密度参数见表 9.8。

表 9.8　　　　　　　　　　地面灌核桃树一维有效根长密度参数表

距树干距离 （距地面深度）/cm	距树干距离（距地面深度） 相对半径	水平分布 有效根长密度 /(cm/cm³)	垂直分布 有效根长密度 /(cm/cm³)
0～15	0.1	2.105	1.0324
15～30	0.2	1.917	1.0260
30～45	0.3	1.702	0.9063
45～60	0.4	1.258	0.7806
60～75	0.5	1.206	1.1059
75～90	0.6	1.108	1.1375
90～105	0.7	0.439	1.3203
105～120	0.8	0.569	1.4590
120～135	0.9	0.614	1.3146
135～150	1.0	0.987	0.6372

在水平和垂直方向上对核桃树有效根长密度进行拟合。拟合曲线如图 9.16 和图 9.17 所示；拟合函数见式（9.6）和式（9.7）。

（1）水平方向。

$$H(x)=7.2807x^3-9.3644x^2+0.9661x+2.061 \quad (R^2=0.9478) \quad (9.6)$$

式中：$H(x)$ 为有效根长密度，cm/cm³；x 为水平距离，cm。

（2）垂直方向。

$$V(Z)=-11.091x^3+17.186x^2-7.0398x+1.6825 \quad (R^2=0.8102) \quad (9.7)$$

式中：$V(z)$ 为有效根长密度，cm/cm³；z 为土层深度，cm。

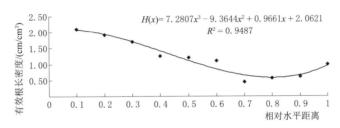

图 9.16　地面灌核桃树水平方向上有效根长密度分布

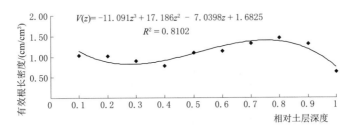

图 9.17　地面灌核桃树垂直方向上有效根长密度分布

9.3.3　微灌核桃树有效根长密度二维分布函数

微灌成龄核桃树二维有效根长密度参数见表 9.9，二维有效根长密度采用柱状图进行描述，如图 9.18 所示。

微灌核桃树根系二维有效根长密度函数形式见式（9.8）。

$$R(x,z)=1.084x^2+0.001x-4.859z^2-0.001z+4.03xz+0.194 \quad (R^2=0.601)$$

$$(9.8)$$

式中：$R(x, z)$ 为二维有效根长密度，cm/cm³；x 为水平距离，cm；z 为土层深度，cm。

表 9.9　　　　　　　微灌核桃树二维有效根长密度参数表　　　　单位：cm/cm³

深度 /cm	水平距离/cm									
	0~15	15~30	30~45	45~60	60~75	75~90	90~105	105~120	120~135	135~150
0~15	0.206	0.174	0.180	0.040	0.052	0.193	0.295	0.228	0.053	0.015
15~30	0.145	0.194	0.360	0.322	0.233	0.230	0.121	0.095	0.068	0.018
30~45	0.149	0.040	0.092	0.284	0.373	0.028	0.118	0.209	0.183	0.053
45~60	0.269	0.123	0.189	0.210	0.222	0.231	0.262	0.284	0.133	0.013
60~75	0.269	0.017	0.111	0.218	0.222	0.266	0.112	0.057	0.040	0.043
75~90	0.123	0.178	0.102	0.072	0.024	0.018	0.163	0.103	0.102	0.186
90~105	0.087	0.057	0.083	0.108	0.116	0.081	0.005	0.025	0.005	0.010

续表

深度 /cm	水平距离/cm									
	0～15	15～30	30～45	45～60	60～75	75～90	90～105	105～120	120～135	135～150
105～120	0.057	0.076	0.106	0.084	0.092	0.064	0.071	0.047	0.068	0.065
120～135	0.144	0.042	0.055	0.020	0.059	0.082	0.050	0.019	0.001	0.013
135～150	0.085	0.068	0.057	0.073	0.024	0.042	0.136	0.110	0.005	0.003

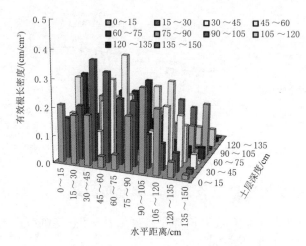

图 9.18 微灌成龄核桃树有效根长密度二维分布

9.3.4 地面灌核桃树有效根长密度二维分布函数

地面灌成龄核桃树二维有效根长密度参数见表 9.10。二维有效根长密度采用柱状图进行描述，如图 9.19 所示。

地面灌核桃树根系二维有效根长密度函数形式见式（9.9）。

$$R(x,z)=1.176x^2-0.002x-6.16z^2+0.002z-1.159xz+0.135 \quad (R^2=0.647)$$

$$(9.9)$$

式中：$R(x，z)$ 为二维有效根长密度，cm/cm³；x 为水平距离，cm；z 为土层深度，cm。

表 9.10 地面灌核桃树二维有效根长密度参数表 单位：cm/cm³

深度 /cm	水平距离/cm									
	0～15	15～30	30～45	45～60	60～75	75～90	90～105	105～120	120～135	135～150
0～15	0.113	0.171	0.117	0.071	0.047	0.073	0.083	0.071	0.107	0.181
15～30	0.121	0.144	0.148	0.120	0.160	0.174	0.042	0.157	0.220	0.326

续表

深度 /cm	水平距离/cm									
	0～15	15～30	30～45	45～60	60～75	75～90	90～105	105～120	120～135	135～150
30～45	0.108	0.096	0.066	0.167	0.211	0.175	0.023	0.025	0.016	0.019
45～60	0.090	0.092	0.080	0.084	0.112	0.061	0.065	0.089	0.044	0.063
60～75	0.215	0.217	0.254	0.190	0.172	0.124	0.061	0.024	0.012	0.036
75～90	0.163	0.233	0.188	0.160	0.020	0.132	0.027	0.048	0.042	0.026
90～105	0.463	0.407	0.283	0.269	0.142	0.088	0.044	0.050	0.010	0.064
105～120	0.376	0.285	0.287	0.042	0.109	0.095	0.014	0.039	0.076	0.137
120～135	0.329	0.176	0.183	0.106	0.190	0.145	0.035	0.007	0.039	0.103
135～150	0.126	0.097	0.094	0.051	0.043	0.042	0.044	0.060	0.049	0.032

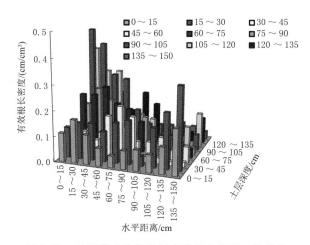

图 9.19　地面灌成龄核桃树有效根长密度二维分布

9.4　微灌和地面灌成龄核桃树根系干重空间分布特性

9.4.1　微灌核桃树根系干重空间分布特性

微灌核桃树根系干重水平分布如图 9.20 所示，从图中可以看出，根系干重在水平方向上呈现出逐渐递减的规律，距离核桃树越近根系干重越重，在 0～60cm 处根系干重较重，占总干重（150cm）的 71.77%，主要是由于距离核桃树越近粗根越多。微灌核桃树根系干重垂直分布如图 9.21 所示，从图中可以看出，根系干重在垂直方向上呈现出先增大后减小的规律，最大值出现在深度为45～60cm 处，在 0～90cm 之间根系干重占总干重（150cm）的 76.9%。说明针对垂直方向根重分布来说，0～60cm 是根系分布的重要区域，也是水分、肥料重点管理区域。

153

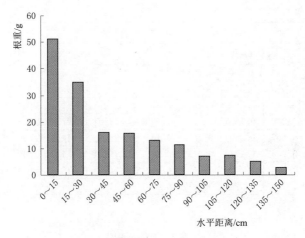

图 9.20　微灌根系干重水平分布

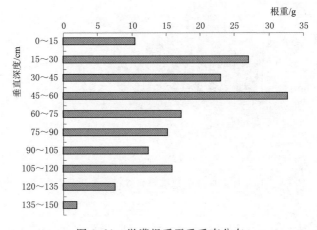

图 9.21　微灌根系干重垂直分布

微灌成龄核桃树根重空间分布如图 9.22 所示，由图可知，核桃树根系干重在水平方向的范围是 0～60cm，在垂直方向的范围是 0～90cm。

9.4.2　地面灌核桃树根系干重空间分布特性

地面灌核桃树根系干重水平分布如图 9.23 所示，从图中可以看出，根系干重在水平方向上呈现出逐渐递减的规律，距离核桃树越近根系干重越重，在 0～60cm 处根系干重较重，占总干重（150cm）的 56.59％，主要是由于距离核桃树越近粗根越多。地面灌核桃树根系干重垂直分布如图 9.24 所示，从图中可以看出，在垂直方向上根系干重呈现出先增大后减小到再增大的变化过程，最大值出现在 30～45cm 处，在 0～90cm 之间根系干重占总干重（150cm）的 75％。

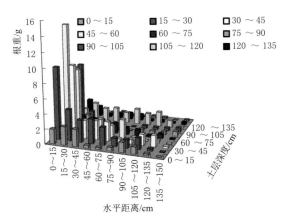

图 9.22　微灌成龄核桃树根重空间分布图

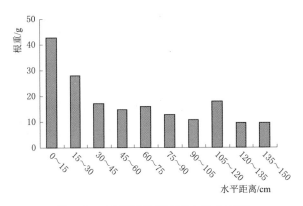

图 9.23　地面灌根系干重水平分布图

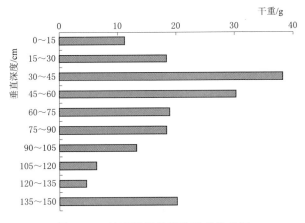

图 9.24　地面灌根系干重垂直分布图

地面灌成龄核桃树根重空间分布如图 9.25 所示，由图可知，核桃树根系干重在水平方向的范围是 0～105cm，在垂直方向的范围是 0～105cm。

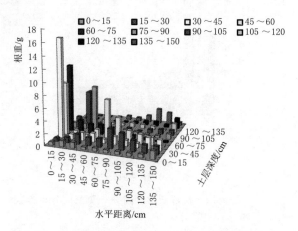

图 9.25　地面灌成龄核桃树根系干重空间分布图

第 10 章 微灌核桃树根区土壤水分动态变化的模拟研究

在干旱及半干旱地区，灌溉农业一直面临着水资源分配不均的难题，如何使有限水源得到充分利用，以使得农作物需水得到极大程度的满足是值得深入探讨的课题。在众多灌水技术中，微灌无疑是值得推广的一种灌水方式，它不仅可以最大限度地渗入植物根系区域，而且可以有效地减少植株蒸发蒸腾量[262]。但是，微灌技术的充分利用需要灌水参数的合理优化，数值模拟是用于研究微灌管理方法的有效手段之一。由于不同地域土壤参数及气象环境等条件的影响，适用于不同试验环境的数值模拟需要不断地完善与进一步补充。因此，本章研究的主要内容是使用 HYDRUS－2D 软件模拟不同微灌条件下土壤水分的变化情况，对比实测土壤含水量数据，探究模型的真实可靠性。最终，在各项试验指标测定完备的基础上优化调整核桃灌溉制度，从而制定更为可行的灌水方案。

10.1 微灌幼龄核桃树根区土壤水分动态变化的模拟研究

10.1.1 测定方法

10.1.1.1 气象数据

于 2015 年 4 月 14 日—9 月 8 日进行气象数据采集。在试验监测地点，架设小型气象站 Watchdog，用于监测周边气象变化情况。Watchdog 气象站高 2m，设置定点采集时间间隔为 30min，并固定时间下载气象监测数据。

Watchdog 气象站采集的降雨数据为实测降雨量，有效净降雨量利用实测降雨量与估测的冠层降雨截获率（I）计算得到[263]。

$$I(LAI) = \begin{cases} 0.05LAI & (0.05LAI < 0.15) \\ 0.15 & (0.05LAI \geqslant 0.15) \end{cases} \tag{10.1}$$

式中：LAI 为核桃树叶面积指数，m^2/m^2。

10.1.1.2 核桃树日蒸腾量

于 2015 年 4 月 14 日—9 月 8 日进行核桃树日蒸腾数据采集。利用 SF－G 探针式茎流传感器（Ecomatik 公司，德国）（图 10.1）监测核桃树时时液流变化数据，监测时间间隔为 30min。

图 10.1 SF-G 探针式茎流传感器

核桃树 3 组处理中，每组处理设定一棵树用于监测日植株蒸腾量变化，每棵树绑定一副 SF-G 茎流计，共计 3 副用于监测的茎流计。将每副茎流计探针插至树干相应位置，利用上下探针之间的温差变化计算出茎流量，采集数据计算方法如下：

$$U = 0.714 \left(\frac{\Delta T_{max} - \Delta T}{\Delta T} \right)^{1.231} \tag{10.2}$$

$$F = U S_A \tag{10.3}$$

式中：U 为液流密度，$mL/(cm^2 \cdot min)$；ΔT 为两探针之间的温差；ΔT_{max} 为每晚 ΔT 的最大值；F 为液流量，mL/min；S_A 为监测树木树干边材面积，cm^2。

10.1.1.3 核桃树日蒸发量

于 2015 年 4 月 18 日—9 月 8 日进行 C1 和 C3 处理核桃树日蒸发数据采集，于 2015 年 4 月 12 日—9 月 8 日进行 C2 处理核桃树日蒸发数据采集。植株日蒸发量采用微型蒸渗仪进行数据测定。每株样树布设微型蒸渗仪 2 个，1 个放置在距树 150cm 的行间，1 个放置在距树 100cm 的株间，每个处理共计 6 个微型蒸渗仪。微型蒸渗仪 1 周更换一次土样，所取土样为蒸渗仪周边土壤，灌后、雨后进行加换。每天早晨使用电子天平进行微型蒸渗仪质量测定，并最终以加权平均值计算得出每株树每天的棵间蒸发量。其中，蒸发量的计算见式（10.4）[264]。

$$E_s = \frac{\Delta M}{S_E} \times 10 \tag{10.4}$$

式中：E_s 为棵间土壤蒸发量，mm/d，ΔM 为微型蒸渗仪的质量变化；S_E 为微型蒸渗仪蒸发面积，cm^2。

棵间整体平均土壤蒸发量计算为

$$E_{sa} = (E_{sH}a + E_{sz}b)/(a+b) \tag{10.5}$$

式中：E_{sa}为整体平均土壤蒸发量，mm/d；E_{sH}和E_{sz}分别为行间土壤蒸发量和株间土壤蒸发量，mm/d；a和b分别为微型蒸渗仪行间距树距离和株间距树距离，mm。

试验地中，微型蒸渗仪行间距树距离与株间距树距离分别为1.5m和1m。

10.1.1.4 土壤含水量

于2015年4月14日—9月8日进行各土层土壤含水量数据采集。不同土层土壤含水量使用 TRIME-IPH 定时测定（图10.2），使用 HYDRA 传感器时时监测（图10.3）。

图10.2 TRIME-IPH 和微型蒸渗仪布设方式

图10.3 HYDRA 传感器布设方式

试验地每株样树均布置 Trime 管5根，行间3根，株间2根，均从树干开始，每50cm 布置1根，至此，行间第3根 Trime 布置在距树150cm 处，株间第2根 Trime 管布置在距树100cm 处。在每次灌水前、灌水后、雨后，分别使用 TRIME-IPH 土壤剖面含水量测量系统对不同土层土壤水分状况进行监测，测定深度均为120cm，20cm 为一层。除此，在距树50cm 的滴头下，布设 HY-

DRA 传感器 6 个，每 20cm 埋设 1 个，直至 120cm 土层，用于监测滴头下土壤含水率时时动态变化，并设定 1h 土壤含水量数据被测量 1 次。

10.1.2　核桃树生育期降雨量

10.1.2.1　实测降雨量数据分析

由图 10.4 气象站实测降雨资料显示，随着生育期的不断进行，降雨在个别天有增大趋势，特别是在核桃成熟期，雨量充沛，致使核桃青皮不断开裂，进而促使核桃采收时间提前。4 月，平均降雨量为 0.19mm/d；5 月，平均降雨量为 0.46mm/d；6 月，平均降雨量为 0.23mm/d；7 月，平均降雨量为 0.14mm/d；8 月，平均降雨量为 0.15mm/d；截至 9 月 8 日核桃采收，9 月的平均降雨量为 3.39mm/d。

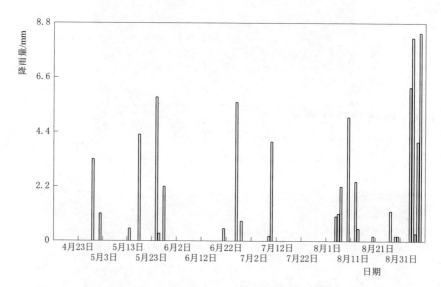

图 10.4　气象站实测降雨量（核桃全生育期）

10.1.2.2　有效降雨量

有效降雨量是指实际通过植株冠层下降入渗进入土壤中的雨量。由图 10.5 可以看出，不同月份有效降雨量分布不均，在核桃生长发育的各个时期，均有大规模降雨发生。4 月 29 日为 4 月最大的有效降雨量观测日，为 3.22mm/d；5 月 25 日为该月最大的有效降雨量观测日，为 5.11mm/d；6 月 26 日为该月最大的有效降雨量观测日，为 4.86mm/d；7 月 10 日为该月最大的有效降雨量观测日，为 3.46mm/d；8 月 10 日为该月最大的有效降雨量观测日，为 4.25mm/d；9 月 8 日为 9 月核桃采收前最大的有效降雨量观测日，为 7.14mm/d。

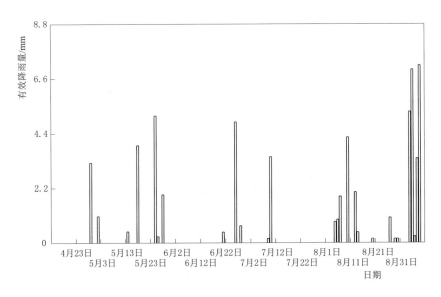

图 10.5　核桃全生育期有效降雨量变化

10.1.3　核桃树日蒸腾蒸发量

10.1.3.1　核桃树日蒸腾量变化

1. 核桃全生育期日蒸腾强度对比

植株蒸腾量（transpiration）是指作物将根系从土壤中吸入体内的水分，通过叶片的气孔蒸散到大气中去的现象[1]，其全生育期日蒸腾量变化如图 10.6 所示。

由图 10.6 可以看出，总体来看，灌水定额最大的 C3 处理植株日蒸腾强度要大于 C1 与 C2 处理，灌水定额最小的 C1 处理在生育期中的变化则更多处于 3 组处理的最底端，结果表明，C3 处理根系吸入的水分多，蒸腾到大气中的水分也较多，C1 处理根系吸收的水分较少，植株蒸腾到大气中的水分也相对较少。

2. 不同生育阶段核桃树日蒸腾强度比较

表 10.1 为不同生育期不同灌水定额处理下核桃树日蒸腾强度对比。可以看出，随着生育期的进行，各处理日蒸腾强度均呈现先增大后不断减小的趋势。C1 处理中，日蒸腾强度最大值为 3.015mm/d，出现在核桃硬核期，之后蒸腾强度不断减小；C2 处理中，日蒸腾强度最大值为 3.566mm/d，出现在核桃硬核期；C3 处理中，最大日蒸腾强度依然处于硬核期，其值为 4.132mm/d，说明在硬核生育时期，核桃的日蒸腾强度最大。试验结果表明，硬核期是植株蒸腾量最大的生育阶段，在此生育阶段应该及时供给核桃树水分，以补充植株由于蒸腾

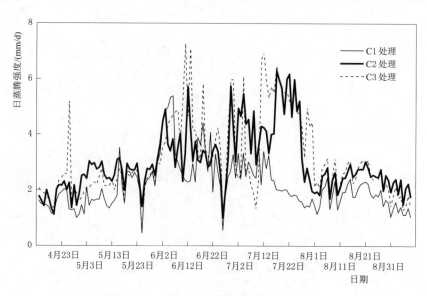

图 10.6 核桃全生育期日蒸腾强度变化

消耗的水量。综合全生育期，可以看出平均日蒸腾强度的大小排序为：C3＞C2＞C1，说明 C3 处理用于植株蒸腾的水分最多，C1 处理最小。

表 10.1　　　　不同生育期不同灌水定额处理下核桃树日蒸腾强度变化　　单位：mm/d

生育阶段	C1 处理	C2 处理	C3 处理
萌芽期	1.627	1.793	2.069
开花结果期	1.531	2.159	2.162
果实膨大期	2.376	2.819	2.445
硬核期	3.015	3.566	4.132
油脂转化期	2.008	3.283	3.518
成熟期	1.280	2.067	1.676
平均日蒸腾强度	1.973	2.615	2.667

3. 日蒸腾强度与叶面积指数关系的研究

表 10.2 为日蒸腾强度（T）与叶面积指数（X）之间的拟合函数关系式。从拟合函数可以看出，日蒸腾强度与叶面积指数具有一元多次回归关系，相关系数显著，证明该拟合方程相关程度较高，可以用于日蒸腾强度与叶面积指数之间的计算。

表 10.2　　　　　　　　　　　日蒸腾强度与叶面积指数的关系

处理组	拟　合　函　数	r
C1	$T=-4919.755+25750.228X-50069.408X^2+45078.496X^3-17154.740X^4$ $+507.553X^5+243.264X^6+735.267X^7+7.809X^8-253.659X^9$ $+69.881X^{10}-0.011X^{11}+2.072X^{12}-1.795X^{13}+0.255X^{14}$	0.857
C2	$T=-0.049-0.82.658X+372.212X^2-517.564X^3+209.516X^4+131.135X^5$ $-160.359X^6+66.004X^7-27.098X^8+21.528X^9-12.949X^{10}$ $+4.510X^{11}-0.905X^{12}+0.099X^{13}-0.005X^{14}$	0.795
C3	$T=-7.078+16.846X-3.669X^2+176.665X^3-643.147X^4+873.495X^5$ $-554.289X^6+146.740X^7+0.631X^8-1.897X^9-3.602X^{10}$ $+0.979X^{11}+0.155X^{12}-0.080X^{13}+0.008X^{14}$	0.960

10.1.3.2　核桃树棵间日蒸发量变化

1. 核桃全生育期棵间日蒸发强度对比

棵间土壤蒸发（evaporation）是指通过植株间的土壤或田面而蒸发的水量。核桃树全生育期的棵间日蒸发强度如图 10.7 所示。

从图 10.7 中可以看出，在 6 月、7 月的核桃硬核期，C1、C2 及 C3 处理均取得较大值，之后，随着果实不断趋于成熟，各处理的日蒸发强度逐渐减小。在生育期的灌水后及雨后，株间蒸发强度变化较为剧烈。相比较 C1 与 C2 处理，C3 处理在整个生育期日蒸腾强度普遍较大。

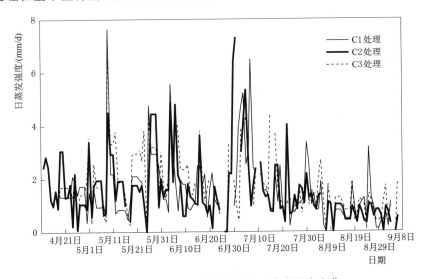

图 10.7　核桃树全生育期的棵间日蒸发强度变化

2. 不同生育阶段核桃树日蒸发强度比较

由于植株冠层生长程度的不同、每次施加灌水量的不同以及滴灌管滴头的作用位置不同，促使核桃树的行间与株间的日蒸发强度存在差异，所以，针对核桃树不同灌水定额处理，现根据植株不同蒸发部位分别予以探讨。

表 10.3 为不同生育期滴灌核桃树日蒸发强度对比。可以看出，不同灌水处理下的核桃树，在行间、株间的蒸发强度各不相同。就整个生育期单株植株而言，C3 处理植株日蒸腾强度要大于 C2 处理，并且，C3、C2 处理蒸腾强度明显强于 C1 处理。就不同生育阶段而言，生育前期日蒸腾强度较大，之后随着各个生育阶段的进行，蒸腾强度逐渐减小。就不同蒸腾部位而言，行间日蒸腾强度的大小排序为 C3＞C1＞C2，株间日蒸腾强度的大小排序表现为 C2＞C3＞C1。综上，针对 3 组处理，C3 处理的棵间日蒸发强度相比较大，C2、C3 处理的棵间蒸发主要发生于株间，而 C1 处理的棵间蒸发主要发生于行间。

表 10.3　　　　　　　　**不同生育期滴灌核桃树日蒸发强度变化**　　　　　单位：mm/d

生育期	C1			C2			C3		
	行间	株间	整体平均	行间	株间	整体平均	行间	株间	整体平均
萌芽期	—	—	—	2.36	2.86	2.56	—	—	—
开花结果期	1.70	1.50	1.58	1.33	1.90	1.56	1.76	1.72	1.74
果实膨大期	2.10	1.06	1.67	1.26	3.00	1.94	2.71	2.06	2.37
硬核期	2.09	1.74	1.95	2.18	1.98	2.17	2.01	2.60	2.23
油脂转化期	1.42	1.04	1.31	0.99	1.33	1.12	1.18	1.44	1.32
成熟期	0.55	0.61	0.58	0.62	0.60	0.61	0.93	1.11	1.00
总体平均	1.57	1.19	1.42	1.46	1.95	1.66	1.72	1.79	1.73

3. 日蒸发强度与叶面积指数关系的研究

将日蒸发强度（F）与叶面积指数（X）进行函数关系拟合，得到的拟合结果见表 10.4。从表中可以看出，日蒸发强度与叶面积指数呈现一元多次回归关系，3 组处理的拟合度较好。从生育期开始，随着叶面积指数的不断增大，日蒸发强度有增大的趋势，之后有小幅回落，到下个生育阶段，日蒸发强度呈波浪形变化直至最后减至最小值。

表 10.4　　　　　　　　　**日蒸发强度与叶面积指数的关系**

处理组	拟　合　函　数	r
C1	$F = -2834.189 + 14047.792X - 24293.557X^2 + 15611.371X^3 + 2220.460X^4$ $-7481.234X^5 + 2803.117X^6 + 7.736X^7 + 0.018X^8 - 94.615X^9$ $-3.022X^{10} + 14.466X^{11} + 0.133X^{12} - 1.401X^{13} + 0.204X^{14}$	0.658
C2	$F = -231.054 + 3149.893X - 13172.956X^2 + 26558.774X^3 - 30855.071X^4$ $+22615.041X^5 - 11003.224X^6 + 3612.507X^7 - 720.865X^8 - 0.7660X^9$ $+66.617X^{10} - 27.543X^{11} + 5.863X^{12} - 0.665X^{13} + 0.032X^{14}$	0.716

处理组	拟　合　函　数	r
C3	$F=2.352-36.747X+142.695X^2-201.399X^3+113.288X^4-2.118X^5$ $-11.151X^6-21.258X^7+27.280X^8-13.102X^9+2.955X^{10}-0.161X^{11}$ $-0.066X^{12}+0.014X^{13}-0.001X^{14}$	0.735

10.1.3.3　核桃树日耗水量变化

1. 核桃全生育期作物日耗水量对比

作物耗水量（crop water requirements）为棵间蒸发量与植株蒸腾量之和。由图 10.8 可知，在生育前期，各处理日耗水量较小，随着生育中期的进行，日耗水量逐渐增大，之后在生育末期，日耗水量呈不断减小趋势。从图 10.8 中可以看出，C2 与 C3 处理的日耗水量变化趋势相似，总体而言，C3 处理日耗水量最大，C2 处理居中，C1 处理日耗水量最小，尤其在核桃硬核期，C1 处理的日耗水量显著小于 C2、C3 处理。

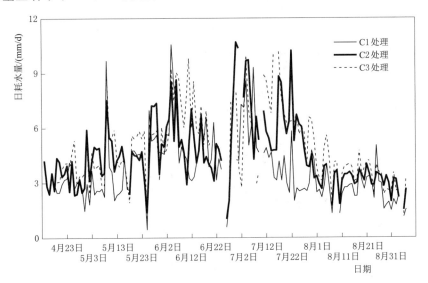

图 10.8　核桃全生育期日耗水量变化

2. 不同生育阶段核桃树日耗水量比较

由表 10.5 可以看出，从开花结果期开始，C1、C2、C3 处理日耗水量变化趋势一致，呈现抛物线形，在核桃硬核期，均取得全生育阶段最大值，其值分别为 C1 处理 5.007mm/d、C2 处理 5.722mm/d、C3 处理 6.369mm/d。在各个生育阶段，核桃树日均耗水量均表现为 C3＞C2＞C1。综合平均全生育期的日耗水量数据可以发现，C3 处理日耗水量最大，为 4.521mm/d，C2 处理日耗水量次之，为 4.239mm/d，C1 处理日均耗水量最小，为 3.456mm/d。

表 10.5　　　　　　　　不同生育阶段日耗水量变化　　　　　　单位：mm/d

生育阶段	C1 处理	C2 处理	C3 处理
开花结果期	3.122	3.716	3.942
果实膨大期	4.047	4.758	4.816
硬核期	5.007	5.722	6.369
油脂转化期	3.282	4.401	4.846
成熟期	1.820	2.598	2.634
平均日耗水量	3.456	4.239	4.521

3. 日耗水量与叶面积指数关系的研究

为探究核桃树日耗水量与叶面积指数的关系，现将作物耗水量（Y）与叶面积指数（X）进行一元函数拟合，其拟合结果见表 10.6。由 C1、C2、C3 处理的拟合方程可知，3 组拟合函数均为一元多次回归方程，说明 3 组函数方程的日耗水量与叶面积指数变动趋势相同，且方程拟合程度较高，相关性显著。

表 10.6　　　　　　　　　日耗水量与叶面积指数的关系

处理组	拟 合 函 数	r
C1	$Y = -7342.102 + 36912.136X - 66075.722X^2 + 46768.542X^3 - 32.743X^4 - 17401.169X^5 + 7508.872X^6 - 0.001X^7 - 328.597X^8 - 96.812X^9 - 0.060X^{10} + 20.422X^{11} + 3.074X^{12} - 3.425X^{13} + 0.473X^{14}$	0.765
C2	$Y = 10982.619 - 52005.370X + 88085.748X^2 - 60588.414X^3 + 3.823X^4 + 25843.342X^5 - 15824.144X^6 + 3363.707X^7 + 307.186X^8 - 257.819X^9 + 30.892X^{10} - 1.415X^{11} + 0.1210X^{12} - 0.171X^{13} + 0.017X^{14}$	0.827
C3	$Y = -11.600 - 202.702X + 1090.245X^2 - 1728.181X^3 + 768.481X^4 + 677.235X^5 - 899.985X^6 + 327.460X^7 + 18.361X^8 - 46.922X^9 + 14.397X^{10} - 2.633X^{11} + 0.567X^{12} - 0.109X^{13} + 0.009X^{14}$	0.941

10.1.4　土壤水分特征曲线

将核桃试验地 6 层土壤分别进行土壤水分特征曲线试验，结果见表 10.7 和图 10.9。从研究结果可以看出，随着土壤水吸力的不断增大，土壤的体积含水率不断下降，土体中从大孔隙排水减小为小空隙排水。0～20cm、40～120cm 土层吸力值为 7189cm 左右，土壤体积含水率维持稳定，不再变动。

表 10.8 为土壤水分特征曲线拟合函数，从拟合的幂函数可以看出，该函数拟合程度较高，实测值与拟合值可以达到很好的相关性。

表 10.7　　　　　　　　　　　　试验区土壤水分特征曲线测定结果

土壤水吸力 /cm	不同土层深度对应的土壤体积含水率/(m³/m³)					
	0～20	20～40	40～60	60～80	80～100	100～120
0	0.4594	0.49175	0.5098	0.5254	0.5357	0.51285
88.8	0.34595	0.37925	0.3725	0.37375	0.3727	0.38225
316.6	0.27695	0.2156	0.22	0.2549	0.23005	0.2765
530.3	0.2189	0.1539	0.1299	0.15985	0.1409	0.1693
859	0.1946	0.13595	0.10785	0.1315	0.11625	0.1362
1053	0.17655	0.1242	0.0947	0.1138	0.10135	0.1164
3018	0.16715	0.11725	0.0881	0.1054	0.094	0.10675
5216	0.13675	0.09725	0.072	0.08305	0.0756	0.08365
7189	0.11955	0.0848	0.0631	0.07185	0.06675	0.07275

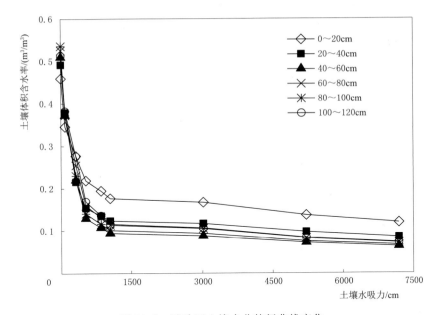

图 10.9　试验区土壤水分特征曲线变化

表 10.8　　　　　　　　　　　　土壤水分特征曲线拟合函数

土层深度/cm	拟合函数	r
0～20	$S = 3.288\theta^{-3.641}$	0.982
20～40	$S = 0.837\theta^{-3.689}$	0.981
40～60	$S = 0.565\theta^{-3.433}$	0.986

土层深度/cm	拟合函数	r
60~80	$S = 2.471\theta^{-3.042}$	0.986
80~100	$S = 0.816\theta^{-3.367}$	0.987
100~120	$S = 2.905\theta^{-2.992}$	0.988

10.1.5 模型构建

10.1.5.1 有限单元模型

滴灌下根区土壤水分运移使用 HYDRUS - 2D 进行数值模拟。在实际数值模拟中，可以忽略单个滴头和概念上的滴灌管作用，将它们概化为有入渗过程和土壤水重分布的二维（垂直）平面线源入渗[265]。Elmaloglous 等[266]认为模拟二维过程的线源入渗假设是可以应用于理论实践当中。

HYDRUS 模型使用 Galerkin 线状有限元法进行空间离散，有限差分法进行时间离散。水流控制方程采用修改过的 Richards 方程，即嵌入汇源项用于考虑不同作物根系的吸水作用情况。通过对水流区域进行不规则三角形网格划分，求解各区域水流运动。

模拟水流入渗和重分布情况均使用 HYDRUS 模型。在变饱和刚性介质中考虑二维等温 Darcian 水流，并假定液体流动过程中没有空气影响，则二维变饱和流动（Richards）方程可表示为

$$\frac{\partial \theta(x,z,t)}{\partial t} = \frac{\partial}{\partial z}\left[K(\theta)\left(\frac{\partial h(\theta)}{\partial z} - 1\right)\right] + \frac{\partial}{\partial x}\left[K(\theta)\frac{\partial h(\theta)}{\partial x}\right] \quad (10.6)$$

假定试验区土壤质地分布均匀，且各项同性，则考虑植株蒸发蒸腾情况的水流运动二维方程为

$$\frac{\partial \theta(x,z,t)}{\partial t} = \frac{\partial}{\partial z}\left[K(\theta)\left(\frac{\partial h(\theta)}{\partial z} - 1\right)\right] + \frac{\partial}{\partial x}\left[K(\theta)\frac{\partial h(\theta)}{\partial x}\right] - S \quad (10.7)$$

式中：$\theta(x, z, t)$ 为土壤体积含水率，L^3/L^3；z 为垂直距离，L；x 为水平距离，L；$K(\theta)$ 为非饱和水力传导函数，L/T；t 为时间，T；S 为根系吸水汇源项，1/T。

10.1.5.2 土壤参数

通过 Mualem（1976）的统计空隙大小模型，van Genuchten（1980）得到了关于土壤水滞留参数的非饱和导水率的预测方程。该土壤水参数模型可表述为

$$\theta(h) = \begin{cases} \theta_r + \dfrac{\theta_s - \theta_r}{[1 + |\alpha h|^n]^m} & (h < 0) \\ \theta_s & (h \geqslant 0) \end{cases} \quad (10.8)$$

$$K(h)=K_s S_e^l \left[1-(1-S_e^{l/m})^m\right]^2 \tag{10.9}$$

其中，　　　　　　　　　$m=1-1/n \quad n>1$

以上公式中包含 5 个独立参数：θ_r、θ_s、α、n 和 K_s。对于大多数土壤来说，孔隙连通性参数 l 在水力传导函数中取均值 0.5。

依据前期试验中获取的土壤质地及相关参数，本次试验使用 HYDRUS 软件自带的 ROSETTA 程序评估各个土壤参数[267]，并通过土壤水分特征曲线拟合得到的数据加以辅助修正。

10.1.5.3　根系吸水参数

水流控制方程中的汇源项 S 表示植物根系在单位时间内从单位土体中吸收的水量，Feddes 等[268]将 S 定义为

$$S(h)=\alpha(h)S_p \tag{10.10}$$

其中

$$\alpha(h)=\begin{cases} \dfrac{(h_0-h)}{(h_0-h_1)} & (h_1<h\leqslant h_0) \\[2mm] 1 & (h_2<h\leqslant h_1) \\[2mm] \dfrac{(h-h_3)}{(h_2-h_3)} & (h_3<h\leqslant h_2) \\[2mm] 0 & (h<h_3) \end{cases} \tag{10.11}$$

$$S_p=b(x,z)S_t T_P \tag{10.12}$$

式中：$\alpha(h)$ 为土壤水势的指定响应函数，$0\leqslant\alpha\leqslant1$；$S_p$ 为潜在吸水速率，T^{-1}；h_0、h_1、h_2、h_3 为经验参数；$b(x,z)$ 为标准化二维根系吸水分布，L^{-2}；S_t 为与蒸腾过程相关的土壤表面宽度，L；T_p 为潜在蒸腾速率，L/T。

在 HYDRUS 模型中，根系的二维分布函数可表述为

$$b(x,z)=\left(1-\frac{z}{Z_m}\right)\left(1-\frac{x}{X_m}\right)e^{-\left(\frac{p_z}{Z_m}|z^*-z|+\frac{p_r}{X_m}|x^*-x|\right)} \tag{10.13}$$

式中：X_m、Z_m 分别为 X 方向与 Z 方向最大根系长度，L；x、z 为 X 方向、Z 方向距树距离，L；p_z、p_r、z^*、x^* 为经验参数。在本次研究中，供试果树的根系空间分布参数见表 10.9。

表 10.9　　　　　　　　　供试果树的根系空间分布参数

参　　数	核桃树	参　　数	核桃树
研究根系土层深度/cm	120	最大根系吸水密度水平距离/cm	45
最大根系吸水密度土层深度/cm	60	与植株蒸腾相关的研究区长度/cm	150
研究根系水平距离/cm	150		

10.1.5.4　边界条件和初始条件

试验期间，已采集每日植株蒸腾量、棵间蒸发量、日降水量、灌水量等数

据，经统计整理，可作为日大气边界条件加以应用，故土壤边界设置为大气边界条件。针对距树 50cm 的地面滴头，由于有周期性灌水发生，故滴头周边设置为变通量边界。在两侧的垂直传输界面上默认通量为 0，故设置为零通量边界。考虑到核桃试验地地下水位埋设较深，无水流交换发生，故设置为自由排水边界。

初始条件：

$$\theta(x,z,0)=\theta_i(x,z) \quad (t=0) \tag{10.14}$$

式中：θ_i 为初始体积含水率，L^3/L^3。

上边界条件：

$$K(\theta)\left(\frac{\partial h(\theta)}{\partial z}-1\right)=E_s \quad (t>0,z=0) \tag{10.15}$$

式中：E_s 为土壤蒸发强度。

下边界条件：

$$\frac{\partial \theta}{\partial z}=0 \quad (t>0,z=H) \tag{10.16}$$

左右边界条件：

$$\frac{\partial \theta}{\partial x}=0 \quad (t>0,x=0) \tag{10.17}$$

$$\frac{\partial \theta}{\partial x}=0 \quad (t>0,x=L) \tag{10.18}$$

HYDRUS-2D 剖面边界最终设置如图 10.10 所示。

上述边界条件设置中，滴头周边流量通量密度 Q 表达式为[269]

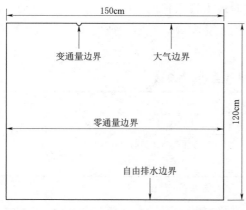

图 10.10　HYDRUS-2D 剖面边界最终设置图

$$Q=\frac{q}{S} \tag{10.19}$$

式中：q 为滴头流量，cm^3/h；S 为单位长度滴灌管表面积，cm^2。

当灌水停止时，滴头边界条件变为零通量边界条件。模拟剖面中，分别在滴头下 20cm、40cm、60cm、80cm、100cm、120cm 处设置观测点，用以监测土壤水分动态变化。2D 模型中，初始条件采用试验中所测得的各层土壤体积含水率。

10.1.5.5　模型评估

研究采用均方根误差（root mean square error，RMSE）和均值误差（mean bias error，ME)[270]评估滴灌核桃根系土壤水分模型的模拟结果。

$$RMSE = \sqrt{\frac{\sum_{i=1}^{N}(P_i - O_i)^2}{N}} \tag{10.20}$$

$$ME = \frac{\sum_{i=1}^{N}(P_i - O_i)}{N} \tag{10.21}$$

式中：N 为实测点、模拟点对应个数；P_i 为模拟值；O_i 为实测值。

$RMSE$ 用来反映模拟值与实测值之间的平均差异显著性，ME 用来显示模型预测中的系统误差或偏差，例如，ME 正值或负值分别显示估计过高或估计过低的趋势。

10.1.6　根区土壤水分模拟评估

模型模拟时段为 2015 年 4 月 15 日—7 月 31 日，共 108d，此时核桃处于萌芽、发育阶段。根据 HYDRUS－2D 根区土壤含水量的模拟值结果与实际测量值，计算该模型的拟合度，并选取典型土层 20cm、80cm、100cm 数据进行土壤含水率绘制，其结果如图 10.11 所示。从图中可以看出，不同土层土壤体积含水率模拟值与实测值拟合效果较好，模型评定指标 $RMSE$ 与 ME 数值合理，说明模拟的土壤含水率变动在可控范围内，HYDRUS 模型可以应用于试验地实际数据模拟。

分析对比 20cm 土层与 80cm、100cm 土层，可以看出 20cm 土层土壤体积含水率波动幅度较大，而下层土壤 80cm、100cm 波动幅度较小，说明离土层表面越近，土壤含水量变化越剧烈，证明大气降水、植株蒸腾、棵间表土蒸发等大气边界条件对 20cm 土层造成影响较大。

10.1.7　根系对土壤含水量的影响

由于观测土层核桃根系的存在，所以，为了探明根系对土层中土壤含水量变化的影响，现对 2015 年 5 月 1—17 日各个监测土壤中的含水量进行 HYDRUS 模拟，并将无根土壤含水量与有根情况下的土壤含水量进行两配对样本 T 检验，其结果分析见图 10.12、表 10.10 和表 10.11。

从图 10.12 中可以发现，在监测土层 20cm、40cm、60cm、80cm、100cm 以及 120cm 深度，有根条件下的土壤体积含水率与无根条件下的土壤体积含水率的模拟结果均呈现极显著正相关关系，有根条件下的土壤体积

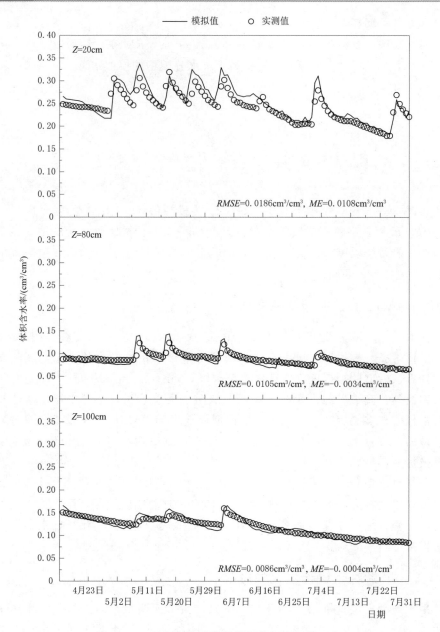

图 10.11　根区土壤含水量模拟值与实测值比较

含水率整体均要稍小于无根条件下的土壤体积含水率，并且，随着灌水周期的不断变化，有根与无根情况下的土壤体积含水率均呈现周期性变化，以此可以显示出根系对土壤水分运动的影响，根系会吸收部分水量，致使土层土壤含水量减小。

　　表 10.10 与表 10.11 为不同根系存在情况下，样本数据统计分析及两配对样本 T 检验分析。观察表 10.10 可以发现，随着观测土层的不断减小，平均土壤含水率也不断减小。对比有根情况下土壤体积含水率与无根情况，可以看出在观测时间段内，有根情况下土壤含水率总是小于无根情况。

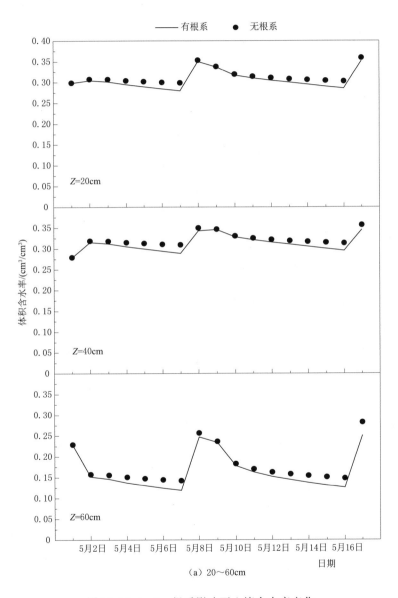

（a）20～60cm

图 10.12（一）　根系影响下土壤含水率变化

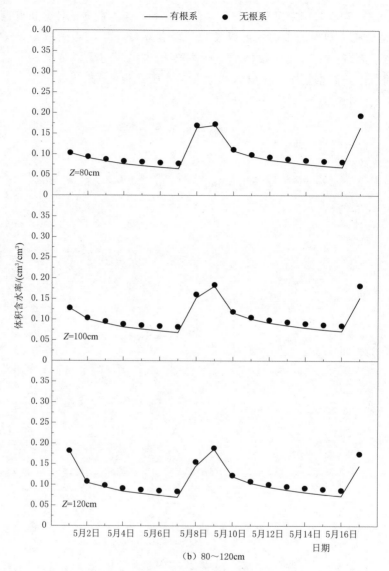

图 10.12（二）　根系影响下土壤含水率变化

表 10.10　　　　　　　　　　　　　根系样本统计量分析

土层深度 /cm	根系分布	平均体积含水率 /（cm³/cm³）	标准差	标准误
0～20	有根情况	0.305	0.022	0.005
	无根情况	0.314	0.187	0.005
20～40	有根情况	0.312	0.020	0.005
	无根情况	0.321	0.018	0.004

土层深度 /cm	根系分布	平均体积含水率 /(cm³/cm³)	标准差	标准误
40～60	有根情况	0.165	0.046	0.011
	无根情况	0.178	0.044	0.011
60～80	有根情况	0.096	0.035	0.009
	无根情况	0.105	0.037	0.009
80～100	有根情况	0.101	0.033	0.008
	无根情况	0.110	0.034	0.008
100～120	有根情况	0.106	0.037	0.009
	无根情况	0.115	0.036	0.009

由表 10.11 可知，在有根情况下土壤体积含水率与无根情况下土壤体积含水率之间，配对变量呈现出极显著正相关关系。对比 6 组观测土层，经两样本的配对差均值比较与 T 统计量值分析，最终得到对应的概率 P 值为 0.000，均小于 0.05，故认为核桃根系存在会对土壤体积含水率产生影响，有根与无根条件下的土壤体积含水率存在显著性差异，且有根情况下的土壤体积含水率小于无根情况下的土壤体积含水率。

表 10.11　　　　　　　　　　　　　　根系样本两配对 T 检验

土层深度/cm	r	配对差均值	T 统计量	P
0～20	0.972	−0.008	−5.906	0.000
20～40	0.952	−0.009	−6.138	0.000
40～60	0.984	−0.014	−6.797	0.000
60～80	0.984	−0.008	−5.393	0.000
80～100	0.982	−0.009	−5.552	0.000
100～120	0.984	−0.009	−5.565	0.000

10.1.8　不同灌水定额对土壤水入渗情况的影响

10.1.8.1　不同灌水定额下核桃根区土壤剖面含水率分布

在不同灌水定额以及根系密度分布的双重作用下，不同灌水处理（C1、C2、C3）在一次灌水过程中，根系土壤水分的入渗情况各不相同。所以，为了研究 3 组处理根系水的分布和入渗情况，基于 HYDRUS - 2D 软件模拟运行的可行性，在 2015 年 8 月 10 日，针对一次灌水进行土壤体积含水率变化模拟。

C1、C2 和 C3 处理的土壤水分分布情况分别如图 10.13～图 10.15 所示。在一次完整灌水过程中，C1 处理花费时长为 6h，C2 处理花费时长为 7.5h，C3 处理花费时长为 9h。

图 10.13 为 C1 处理根系土壤水分运动的剖面变化，观测时间点分别为灌水开始时的 0h，灌水中的 0.5h 和 1h，1 次灌水结束时的 6h。从图 10.13 中可以看出，灌水初始，土壤剖面水分含量均较低，体积含水率在 $0.065 \sim 0.147 \mathrm{cm}^3 / \mathrm{cm}^3$ 之间变化，随着灌溉水量地入渗，从水平距树 50cm 的地面滴头开始剖面土壤含水率不断增大，0.5h 和 1h 的水分湿润变化主要以水平渐增为主，垂直入渗为辅。截至灌水结束，湿润范围呈现为水平距树 $0 \sim 105$cm、垂直深度 $0 \sim 48$cm，湿润半径约为 50cm。

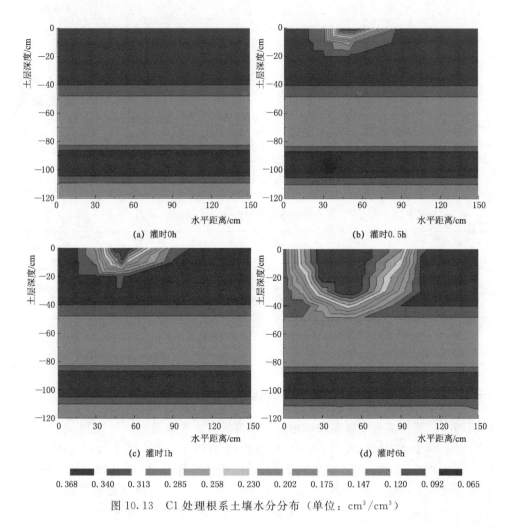

图 10.13　C1 处理根系土壤水分分布（单位：$\mathrm{cm}^3 / \mathrm{cm}^3$）

C2 处理根系土壤水分分布如图 10.14 所示，模拟剖面观测时间点分别为 0h、0.5h、1h 以及 7.5h。由图 10.14 （a）可知，在灌水开始，土壤剖面体积含

水率变化范围为 $0.055 \sim 0.226 \mathrm{cm}^3/\mathrm{cm}^3$。灌水时 0.5h，滴灌水迅速向水平方向与垂直方向入渗，其中尤以水平入渗为主，此时土壤水分分布范围分别为水平距树 $30 \sim 86 \mathrm{cm}$、垂直深度 $0 \sim 18 \mathrm{cm}$。从灌水时 0.5h 到 1h，水平湿润范围继续增大，但垂直入渗要稍小于水平入渗，土壤水湿润范围扩充至水平距树 $20 \sim 89.4 \mathrm{cm}$、垂直方向 $0 \sim 20 \mathrm{cm}$。到 7.5h 灌水结束，水分分布范围增加到水平距树 $0 \sim 116.52 \mathrm{cm}$，垂直深度改变为 $0 \sim 62.4 \mathrm{cm}$，湿润半径约为 $66.52 \mathrm{cm}$。

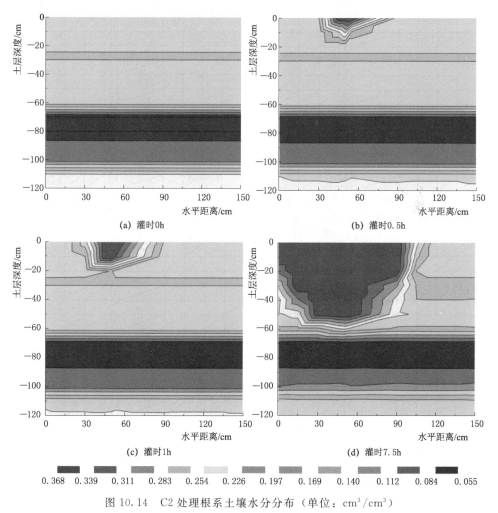

图 10.14　C2 处理根系土壤水分分布（单位：$\mathrm{cm}^3/\mathrm{cm}^3$）

由图 10.15 可以看出，C3 处理灌水之初土壤剖面含水量相对较高，随着灌水的进行，上层土壤的含水量呈现不同程度的增大，截至整个灌水过程结束（共 9h），土壤剖面湿润范围变至水平距树 $0 \sim 118.92 \mathrm{cm}$，垂直深度改变为 $0 \sim 64.32 \mathrm{cm}$，湿润半径约 $68.92 \mathrm{cm}$。

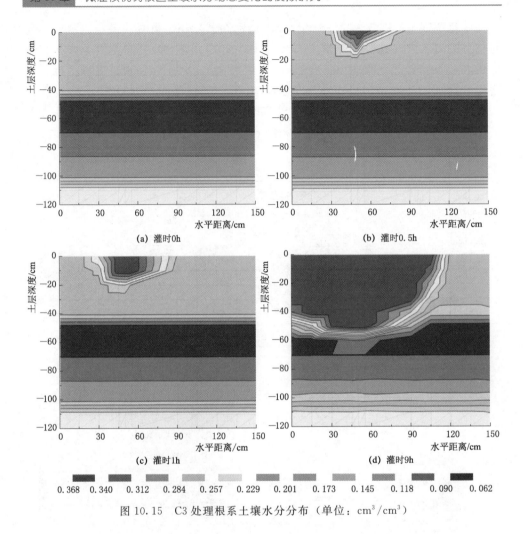

图 10.15 C3 处理根系土壤水分分布 (单位: cm^3/cm^3)

综合 3 组处理中核桃树吸水根系的二维垂直分布, 吸水根系主要分布范围为水平方向 0~90cm 与垂直方向 0~60cm。各组处理从灌水开始直至灌水结束, 水平湿润范围均可使吸水根系得到有效灌水供给, 而在垂直方向上, C1 处理入渗深度达到 48cm, C2 处理垂直入渗深度为 62.4cm, 而 C3 处理的垂直入渗土壤深度为 64.32cm, 对比 3 组模拟数据可以看出, 到此次灌水结束时, C1 处理水分入渗范围远没有达到吸水根系分布的深度, C2 与 C3 处理垂直入渗深度相差不大, 但从节约灌溉用水方面考虑, C2 比 C3 处理更加合理化灌水, 可以使水分利用达到最大化。

10.1.8.2 不同灌水定额下核桃根区观测点含水率变化

图 10.16 为一次灌水中, C1、C2 和 C3 处理水平距树 50cm 的地面滴头下,

不同灌水深度观测点土壤含水率的变化，其中，HYDRUS‐2D 数值模型中，观测点分别设置在土层深度 20cm、40cm、60cm、80cm、100cm 及 120cm，共 6 个观测点。

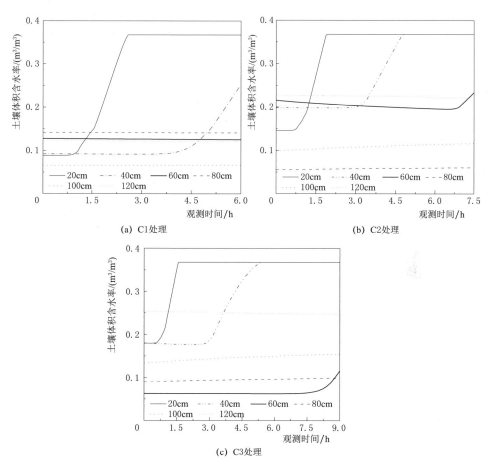

图 10.16　不同灌水定额下核桃树根区观测点土壤水分动态变化

　　不同灌水定额处理，各个土层土壤体积含水率的变化也各不相同。C1 处理中，在 0～0.6h，各土层土壤含水量没有变化，维持在初始体积含水率数值，之后，随着滴灌水流的不断入渗，0～20cm 土层土壤体积含水率急剧增大，直至灌水 2.59h，含水率达到饱和状态，到 6h 的灌水结束后，0～20cm 土层的含水率一直稳定在 0.368cm³/cm³。20～40cm 为 C1 处理土壤含水率发生变化的最后一个土层，从 3.28h 开始，此层土壤含水率逐渐增大，从灌水开始的 0.092cm³/cm³ 渐增至 0.253cm³/cm³。其余观测土层土壤含水率均未发生较明显变化，说明 C1 处理的灌水定额在灌水时入渗深度较小，在土层 40cm 以下的吸水根系在此次灌水中没有受到合理灌溉。

从图 10.16（b）可以看出，不同于 C1 处理各土层土壤含水率变化，C2 处理在一次完整的灌水过程中，0～20cm、20～40cm、40～60cm 均存在含水率明显波动现象。从灌水开始，0～20cm 土层土壤体积含水率为 0.145cm³/cm³，20～40cm 土层体积含水率为 0.198cm³/cm³，40～60cm 土层体积含水率为 0.216cm³/cm³。灌水进行到 1.9h，0～20cm 土层体积含水率稳定在 0.368cm³/cm³，灌水时 4.8h，20～40cm 体积含水率同样增至 0.368cm³/cm³。40～60cm 土层，从灌水开始到灌水进行到 6.55h，土壤体积含水率呈现小幅下降现象，可能是因为此时入渗水流没有到达此灌溉土层，而大量存在的吸水根系不断促进此层土壤体积含水率的降低，在 6.55h 之后，由于有入渗灌溉水的不断补给，体积含水量又从最低值 0.195cm³/cm³ 增加到 0.233cm³/cm³，说明 C2 处理的灌水定额设置可以很好地缓解根系用水紧张的情况，是较为适宜的灌水定额预设方案。

对比 C3 与 C2 处理，可以发现 0～20cm、20～40cm 以及 40～60cm 的土壤含水率变化趋势大致相同。其中 C3 处理中，0～40cm 体积含水率先后增大，然后逐渐维持稳定在 0.368cm³/cm³，40～60cm 灌水前期递减变化较为平缓，在 7.52h，随后体积含水率不断增大，直至灌水结束后到达 0.115cm³/cm³。

10.1.8.3 不同灌水定额下核桃生育后期土壤含水量变化

2015 年 8 月 10 日为核桃采收前的最后一次灌水，由此，从最后一次灌水日开始直至 9 月 8 日核桃果实采收，使用 HYDRUS－2D 模拟核桃生育后期，在不同灌水定额作用下各个土层土壤含水量的变化（共 30d），数值模拟结果如图 10.17 所示。

从初始模拟天开始，C1 处理中，0～20cm、20～40cm、40～60cm 土层土壤体积含水率变化较为剧烈，60～80cm 土层土壤体积含水率在灌水当天有逐渐增长趋势，随着模拟天数的不断增大，0～80cm 土层含水量均呈现下降状态。对比以上各土层，80～100cm 以及 100～120cm 体积含水率变化迟缓，80～100cm 从初始 0.065cm³/cm³ 小幅增长至 0.093cm³/cm³，而 100～120cm 土层体积含水率从初始的 0.123cm³/cm³ 下降至 0.09cm³/cm³。

由图 10.17（b）和（c）可以看出，C2 与 C3 处理土壤体积含水率变化趋势相似，除去 80～100cm、100～120cm 土层，其余土层的土壤含水量变化增幅趋势较为明显。截止模拟期结束，C2 处理土层深度为 0～20cm、20～40cm、40～60cm、80～100cm、100～120cm 的土壤体积含水率分别为 0.2688cm³/cm³、0.2986cm³/cm³、0.1416cm³/cm³、0.2162cm³/cm³、0.1392cm³/cm³、0.1159cm³/cm³，C3 处理各土层土壤体积含水率的终值分别为 0.253cm³/cm³、0.2734cm³/cm³、0.1194cm³/cm³、0.2038cm³/cm³、0.1324cm³/cm³、0.1136cm³/cm³。

总体来看，随着最后一次灌水的结束，各个土层土壤含水量均存在不同程

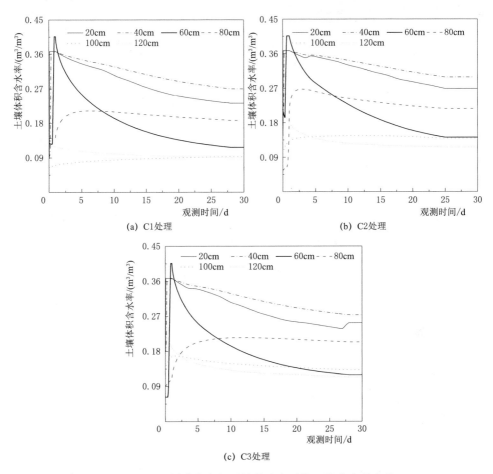

图 10.17　不同灌水定额下核桃生育后期土壤含水量变化

度的变化，到模拟末期，C1、C2 和 C3 处理不同土层体积含水率数值相差不大，且变化数值趋于稳定，这与土层质地、核桃生长发育结束等因素有关，观测点越是接近大气土层边界，土壤体积含水率变化越为剧烈，说明气象因子始终是影响根系水量变化的重要因素。最终，对比 3 组灌水处理，均衡考虑灌水定额设置、根系含水量变化等作用条件，C1 处理灌水定额较小，60～80cm 土层存在吸水根系水量补给不充分现象，而 C3 处理灌水定额较大，与 C2 处理水量变化趋势相似，但从节水灌溉方面考虑，会造成部分水源未得到充分利用现象。综上，C2 处理在 3 组灌水处理中灌水效率最高，滴灌水量可以得到合理利用。

10.1.8.4　核桃全生育期灌溉制度优化

综合各灌水定额设定（C1 处理 150m³/hm²、C2 处理 300m³/hm²、C3 处理 450m³/hm²）、吸水根系空间分布（第 4 章）、土壤水分入渗情况（第 5.11.1

节、第 5.11.2 节、第 5.11.3 节）等条件，优选 C2 处理的灌水定额作为试验设置量，且在已知气象因素、根系空间分布、植株蒸发蒸腾量、初始边界条件等数值的基础上，模拟 2015 年 4 月 15 日—9 月 8 日（共 147d）核桃全生育期根系各个土层土壤含水量变化。研究表明，不同灌水下限值对核桃的影响各不相同[271]，但当土壤含水量低于田间持水量的 60％时[242]，核桃容易出现叶片萎蔫、果实空壳或变小、产量下降等诸多问题，所以，模拟期灌水下限预设值为田间持水量的 60％，并以吸水根系密集分布区作为重点考察区域。最终，C2 处理的优化模拟结果如图 10.18 所示。

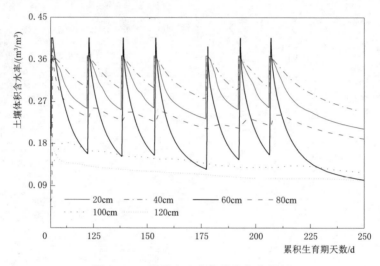

图 10.18　核桃全生育期灌水优化模拟

从图 10.18 可以看出，在已知 300m³/hm² 的灌水定额下，全生育期核桃树共灌水 7 次（除去春灌、冬灌不计），灌水日期分别为 2015 年 4 月 15 日、5 月 2 日、5 月 18 日、6 月 2 日、6 月 26 日、7 月 11 日和 7 月 25 日，其中，共节约灌水 1 次，达到合理配水、节水灌溉的目的。由图 10.18 可知，整体来看，在不同生育期，各土层土壤体积含水率变化均体现出 60cm 土层含水量变化剧烈，体积含水率 40cm 土层＞20cm 土层＞80cm 土层，在生育前期，100cm 土层土壤含水量有小幅上升现象，之后逐渐减小，而 120cm 土层则从观测前期开始逐渐呈下降状态。

10.2　微灌成龄核桃树根区土壤水分动态变化的模拟研究

10.2.1　数值模拟

10.2.1.1　数值模型选择

HYDRUS-2D/3D 软件被认为是用于模拟土壤水分运动及不同灌水条件下

溶质运移的一种极其有效的方法。该模型是由美国国家盐土实验室开发，主要用于模拟变饱和介质中水、热、溶质运移，它使用 Richard 方程解决饱和、非饱和水流运动问题，使用对流-弥散方程解决热和溶质传输问题，模拟的流动及传输过程均可以在垂直平面、水平平面或者三维图形环境中显示[272]。HYDRUS软件采用 van Genuchten 模型描述非饱和土壤水力特征，由于此模型能够较为真实地反映土壤水分入渗情况，所以，还被广泛应用于土壤含水量的前期预报等工作中。综合 HYDRUS 的上述诸多适用优点，本章采用 HYDRUS-2D 的二维剖面模型分析微灌核桃的土壤水分变化，以期为核桃灌水试验研究提供便捷可行的方法。

10.2.1.2　控制方程

假设核桃树周边根系呈现对称分布，且 Richards 方程的轴对称形式可以被用以解决此种类型的水流运动问题，在忽略水流运动中空气的介入情况，假设土壤为各向同性且均质状态，则变饱和孔隙介质、控制水流点源入渗的 Richards 方程对称形式见式（10.7）。

土壤水分特征曲线采用 van Genuchten 方程，该土壤水参数模型见式（10.8）和式（10.9）。

10.2.1.3　根系吸水参数

水流控制方程中的汇源项 S 表示植物根系在单位时间内从单位土体中吸收的水量，Feddes 等对 S 的定义见式（10.10）～式（10.13）。

模型模拟区域为从观测核桃样树开始的、垂直于滴灌带方向的径向垂直剖面，水流运动剖面水平长度为 250cm，土层深度为 120cm。将径向方向上的滴灌管进行网格剖分加密处理，最终，土层研究垂直剖面离散为 5841 个节点和11348 个三角 2D 单元。

10.2.1.4　土壤物理参数的确定

使用 ROSETTA 软件进行 θ_r，θ_s，α，n，m，K_s，l 水力参数推导。ROSETTA 软件通过内含神经网络模拟程序并结合试验地区土壤质地等相关试验结果来预测土壤水力参数，经过大量研究表明，使用 ROSETTA 软件模拟土壤水力参数数据可靠实用[267]。因此，在已测得的土壤不同粒径组成和各土层容重数据的基础上，依据土壤质地组成将观测区域划分为两层，并利用ROSETTA 推演各土壤水力参数，其结果见表 10.12。

表 10.12　　　　　　核桃根区各土层土壤水力特征参数

土层/cm	θ_r	θ_s	α	n	K_s	l
0～40	0.0386	0.3892	0.0155	1.4739	58.44	0.5
40～120	0.0678	0.4283	0.0049	1.6849	28.14	0.5

10.2.1.5　边界条件和初始条件

对于 3 组微灌灌水处理的模拟剖面，上表层边界设定为大气边界，滴头周边设置为变流量边界，此时，每日实测土壤蒸发量、植株蒸腾量、降雨量以及灌水量将作用于上边界，两侧垂直边界设定为零通量边界。由于地下水位埋藏较深，自由排水设定为底部边界条件。其中，在上表层边界中，滴头周边流量通量密度 Q 表达式见式（10.19）。

当灌水停止时，滴头边界条件变为零通量边界条件。

初始边界条件由 TRIME - IPH 土壤剖面含水量测量系统实测不同土层的土壤体积含水率，仪器测定土层分别为 20cm、40cm、60cm、80cm、100cm 和120cm 与上述土壤体积含水率实测指标相对应，在模型模拟剖面中，分别在第一根 Trime 管（水平距树 75cm）下的 20cm、40cm、60cm、80cm、100cm、120cm 处设置观测点，用以监测模型中土壤水分时时动态变化（图 10.19）。

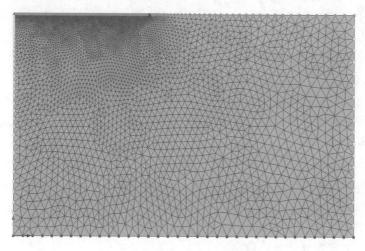

图 10.19　2D 土壤剖面剖分结果

10.2.1.6　模型评估

试验实测值与模型模拟值采用均方根误差（$RMSE$）和相对均方误差（$RMAE$）来综合评定模型拟合下微灌土壤含水量动态变化的模拟效果，见式（10.20）和式（10.21）。

10.2.2　模型模拟值与实测值评估

依据 TRIME - IPH 土壤剖面含水量测量系统的测定结果，模拟 W2 处理（60mm）于 2010 年 4 月 10 日—5 月 23 日的土壤体积含水率变化，在此期间，共计灌水 3 次（4 月 20 日、5 月 1 日、5 月 10 日）。将实测值与 HYDRUS -2D 模型模拟值进行分析比较，其评估结果如图 10.20 所示。由于测定土层较深（120cm），且每隔 20cm 设定为一个观测点，共 6 层 6 个观测点，所以，现只随机选取典型土层 20cm、40cm、80cm 和 120cm 土层进行观测点数据分析比较。

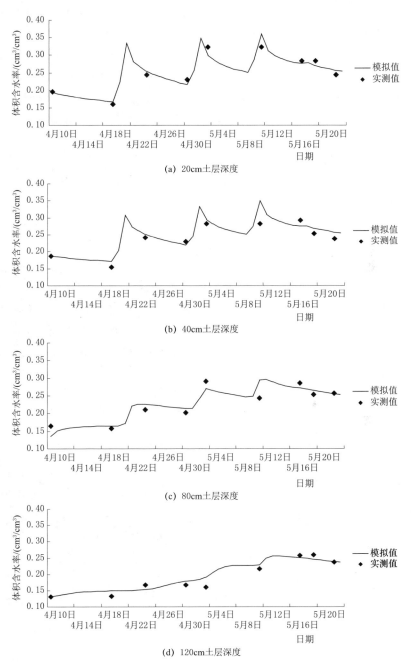

(a) 20cm土层深度

(b) 40cm土层深度

(c) 80cm土层深度

(d) 120cm土层深度

图 10.20　核桃土壤体积含水率模拟值与实测值比较

由图 10.20 可知，各观测土层土壤体积含水率的 HYDRUS–2D 模拟值与实际测定值拟合程度较好，20cm、40cm、80cm、120cm 土层的 $RMSE$ 分别为 0.017cm³/cm³、0.026cm³/cm³、0.023cm³/cm³、0.014cm³/cm³，$RMAE$ 分别为 5.57%、7.99%、7.90%、6.05%。随着距离大气边界距离的逐渐缩短，观测土层的土壤含水率波动幅度趋于剧烈，20cm 土层波动稍大于 40cm 土层，而 120cm 土层基本呈现单幅变化趋势，说明大气边界条件是影响土壤含水量变化的主要因素之一。从图中可以看出，3 次灌水日期布置紧凑，且由土壤体积含水率变动可知，在未达到灌水下限时即开始进行下次灌水，造成灌水的浪费现象，所以针对此种不合理灌水方案，有必要调整灌水周期，优化灌水时间。

10.2.3　不同灌水定额下土壤剖面含水量分布

一次灌水中，在灌水条件等均相同的条件下，同时模拟 W1 处理、W2 处理、W3 处理的水流入渗情况，着重探讨灌水 0h、0.5h、6h、10h（W1 灌水结束）、12h、14h（W2 灌水结束）、16h、18h（W3 灌水结束）的土壤水流入渗，其剖面水流分布如图 10.21 所示。从图中可以看出，在开始灌水前，各土层土壤含水率相对较低，且随着深度的逐渐增加，含水量有进一步减小的趋势。之后，随着灌水的持续进行，土壤湿润深度逐渐加深，湿润范围逐渐增大。在一次灌水结束后，W1 处理湿润深度为 43cm，湿润半径为 50cm，W2 处理湿润深度为 90cm，湿润半径增至 100cm，而 W3 处理的湿润深度为 110cm，湿润半径为 125cm。由第 7 章可知，微灌核桃树最大的有效根长分布在水平距树 0～90cm、垂直土层深度 0～80cm 的范围内，说明此区域为根系活动的密集区。所以，针对 3 组处理土壤水入渗情况，在灌水结束后，W1 处理的有效吸水根系没有受到合理灌水，W3 处理灌水较多，可能会造成多余灌水。综合 W1 处理与

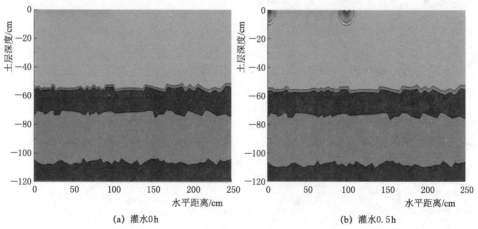

(a) 灌水 0h　　　　　　　　　　　(b) 灌水 0.5h

图 10.21（一）　不同灌水定额下各处理灌后土壤剖面水分入渗情况（单位：cm³/cm³）

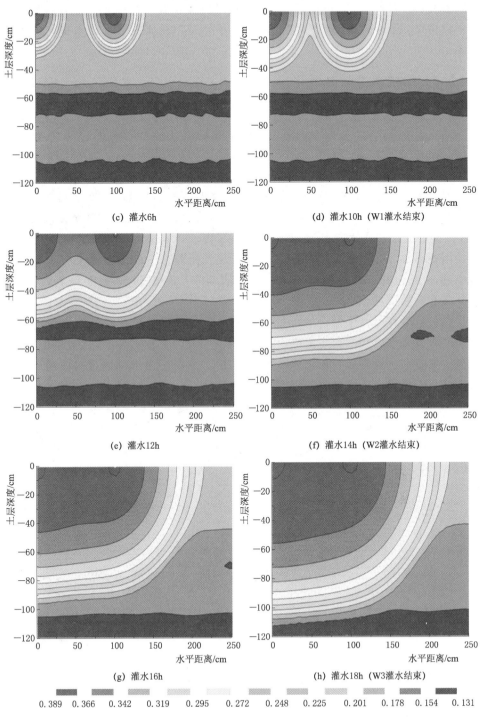

图 10.21（二）　不同灌水定额下各处理灌后土壤剖面水分入渗情况（单位：cm³/cm³）

W3 处理土壤剖面的水流入渗情况，W2 处理的灌水实施可以将水分有效地湿润到根系集中区，且同时达到节水灌溉的目的，是试验研究值得深入探究的灌水方案。

10.2.4　核桃灌溉制度优化

在不同灌水定额处理中，依据土壤水入渗情况和灌水下限设定情况，选取最佳灌水定额 60mm（W2 处理）进行灌水制度优化，最终的模拟结果如图 10.22 所示。

从图 10.22 可以看出，通过 HYDRUS－2D 灌水制度模拟，在核桃生育期内，共灌水 11 次（冬灌不计），分别为 4 月 7 日、4 月 21 日、5 月 3 日、5 月 15 日、5 月 27 日、6 月 8 日、6 月 20 日、7 月 1 日、7 月 15 日、8 月 7 日以及 9 月 6 日，比原试验灌水方案的灌水次数减少 2 次，达到节约灌水、充分利用的目的。由图可知，在核桃全生育期，越接近大气边界，土层土壤体积含水率变动越剧烈，其中尤以 0～20cm、20～40cm、40～60cm 波动幅度最大，100～120cm 波动幅度最小。

在核桃生育前、中期，灌水较为频繁，此时，灌水的及时供给可以为核桃果实的生长提供有利的物质保障。随着核桃生育期的进行，灌水次数逐渐减少，在果实采收前进行最后一次灌水（9 月 6 日），此时的灌水可以直接作用于核桃果实，从而提升成龄核桃的商品率。

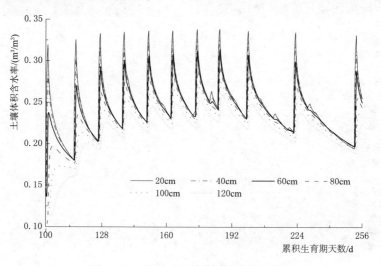

图 10.22　核桃全生育期灌溉制度模拟

第11章 主 要 结 论

本书基于田间定位观测试验，结合理论分析，通过对核桃树土壤水分、生理及气象指标的动态监测，分析不同灌水技术和灌水定额下各指标的动态变化，综合产量、品质等指标筛选节水高效的微灌技术，并利用 HYDRUS-2D 模型模拟核桃树根区土壤水分动态分布，制定节水、增产的灌溉制度。本书主要取得以下研究成果：

（1）通过对不同灌水技术和灌水定额下成龄核桃树耗水特性的研究发现，微灌处理的核桃树耗水强度和全生育期耗水量变化规律与地面灌相似，均呈现出先增大后减小的变化趋势。微灌和地面灌处理的耗水强度分别为 3.72～5.31mm/d，5.36 ～ 5.45mm/d；耗水量分别为 756.98 ～ 1024.39mm，1052.73～1142.71mm。微灌各处理核桃树全生育期耗水量较地面灌减小9.7%～33.8%。

（2）在不同天气条件下核桃树茎流速率呈现不同的变化规律。在晴天条件下茎流速率日变化呈双峰曲线，在多云和雨天情况下为多峰曲线且茎流速率较低。茎流速率与太阳辐射呈较好的正相关，与大气温度显著性正相关，与大气相对湿度呈显著性负相关。通过分析茎流速率与太阳辐射、大气温度和大气相对湿度之间的相互关系，建立了回归方程：$f = -0.8995 + 0.0003PAR + 0.0382T + 0.0044RH$，相关系数为 0.97。

（3）微灌成龄核桃树全生育期耗水模数和作物系数 K_c 总体上呈单峰曲线变化，在萌芽期、开花结果期、果实膨大期、硬核及油脂转化期和成熟期分别为 4.58%、9.57%、15.55%、56.86% 和 13.44%，1.02、1.14、1.18、1.32 和 1.12。

（4）核桃树叶温和细胞液浓度受环境温度和太阳辐射的影响较大，在晴天均呈单峰曲线变化，在阴天均呈双峰曲线变化，微灌处理的核桃树叶温，细胞液浓度均低于地面灌。其中微灌条件下 3 管处理和灌水定额为 60mm 的全生育期核桃树平均叶温和细胞液浓度低于其他各处理。

（5）核桃树叶片叶水势早晨和傍晚高，中午低，呈单峰曲线变化，阴天由于光照弱，蒸腾较晴天减弱，峰值出现在 17：00，较晴天推迟了 2h。微灌条件下核桃树叶水势明显高于地面灌。其中微灌条件下 3 管处理和灌水定额为 60mm的全生育期核桃树平均叶水势高于其他各处理。

（6）微灌处理下核桃树的净光合速率、蒸腾速率、气孔导度、水分利用效率等光合参数均较地面灌处理有一定程度地提高。表明核桃树应用微灌技术后，一定程度上能够减轻核桃光合"午休"，提高光合作用。净光合速率与大气温度、蒸腾速率、气孔导度和水分利用效率呈显著正相关关系，与空气相对湿度、胞间 CO_2 浓度呈负相关关系。

（7）土壤水分过高、施肥量过高都不利于提高核桃果实的品质，水、氮的品质效应呈现抛物线变化，即水氮的品质效应存在一个适宜水平值，超过这个值（灌水定额为 30.0mm、施氮肥为 473.85kg/hm²）水氮呈现明显的负效应，综合养分分布规律、生长指标、光合、产量和品质等数据得出，最后推荐幼龄核桃灌水定额为 30.0mm、施氮肥为 473.85kg/hm² 是最优的灌溉施肥处理。

（8）核桃树生育期内，微灌处理在 12：00 的根区土壤平均地温为 11.6～23.6℃，微灌较地面灌处理平均地温高 1.5℃左右，表明微灌技术有利于提高核桃树根区土壤温度。

（9）微灌和地面灌处理下成龄核桃树水分利用效率分别为 0.47～0.68kg/m³，0.43～0.56kg/m³，就灌水技术和灌水定额而言，分别为 3 管处理和灌水定额 60mm 的水分利用效率最高，对应的产量最大，综合产量和水分利用效率两个指标，成龄核桃树微灌技术宜采用 3 管，即一行三管方式布置，灌水定额宜为 60mm。幼龄核桃树微灌技术宜采用 2 管，即一行两管方式布置，灌水定额宜为 30mm。

（10）微灌成龄核桃树全生育期耗水量与产量之间呈二次抛物线关系，产量随着耗水量的增加而增大，当耗水量达到 900～1000mm 时，产量出现最大值，此后随着耗水量的增加产量反而下降，呈现明显的"报酬递减"现象。

（11）微灌处理下核桃坚果的蛋白质含量、脂肪含量、出仁率、单果重、纵径、横径和体积分别为 16％～20％、65％～70％、65％～72％、10.5～13g、37～42mm、32～36mm 和 22～26cm³；微灌处理的核桃树各品质指标普遍优于地面灌。其中微灌条件下 3 管处理和灌水定额为 60mm 的各品质指标较其他处理有所提高，按照核桃坚果分级标准，微灌处理的核桃坚果均达到特级果。

（12）幼龄微灌核桃树根系分布，在垂直方向 0～60cm，水平方向为 0～90cm。微灌和地面灌成龄核桃树在水平方向上根系分布在 0～120cm 范围内，微灌占总根系（150cm）分布的 90.1％，地面灌占总根系分布的 86.2％。在垂直方向上微灌和地面灌核桃树根系分布在 0～90cm 范围内，微灌占总根系（150cm）分布的 90.6％，地面灌占总根系分布的 56.1％；微灌条件下成龄核桃树根系较地面灌有明显的"回缩"趋势。微灌和地面灌核桃树有效根长密度的分布函数均服从二次多项式。

（13）HYDRUS－2D 模型模拟实测值验证表明，模型可以较好地模拟核桃树根区土壤水分动态变化。并在此基础上对不同灌水定额下根区土壤水分的二维入渗特性进行了模拟，进而优化了核桃树全生育期的灌溉制度，优化后的核桃灌溉制度共计灌水 11 次（冬灌不计），比初期试验方案减少 2 次灌水。

（14）综合所述，砂壤土质条件下幼龄微灌核桃树推荐灌溉定额为 450～600mm 和灌水定额为 30mm 左右，灌水周期根据需水关键期和非需水关键期确定，需水关键期 10～12d，非需水关键期 15～18d。砂壤土质条件下微灌成龄核桃树高产的耗水量为 900～1000mm，在与研究区——环塔里木盆地类似地区，推荐其灌溉定额为 950mm 左右，灌水定额为 60mm，灌水周期根据需水关键期和非需水关键期确定，需水关键期 10～12d，非需水关键期 15～18d。

参 考 文 献

［1］ 史海滨，田军仓，刘庆华. 灌溉排水工程学［M］. 北京：中国水利水电出版社，2006.

［2］ 余国新，王凯. 新疆林果产业发展现状与对策研究［J］. 江西农业学报，2009，21（2）：179－182.

［3］ 自治区党委 自治区人民政府关于加快特色林果业发展的意见［J］. 新疆林业，2005（6）：2－4.

［4］ 雍会，潘旭东. 新疆绿洲水资源高效节水配置机制研究［J］. 石河子大学学报（自然科学版），2008（4）：419－422.

［5］ Janáček J. Stomatal limitation of photosynthesis as affected by water stress and CO_2 concentration［J］. Photosynthetica，1998，34（3）：473－476.

［6］ Miller B J，Clinton P W，Buchan G D，et al. Transpiration rates and canopy conductance of Pinus radiata growing with different pasture understories in agroforestry systems［J］. Tree Physiology，1998，18（8－9）：575－582.

［7］ 崔香，陈友媛，李亚平，等. 不同土壤含水量下 3 种盆栽灌木耗水特性研究［J］. 水土保持通报，2012，32（3）：77－80.

［8］ 李邵，薛绪掌，齐飞，等. 不同营养液浓度对温室盆栽黄瓜产量与品质的影响［J］. 植物营养与肥料学报，2011，17（6）：1409－1416.

［9］ 段爱旺. 一种可以直接测定蒸腾速率的仪器——茎流计［J］. 灌溉排水，1995（3）：44－47.

［10］ Braun P，Schmid J. Sap flow measurements in grapevines（Vitis vinifera L.）1. Stem morphology and use of the heat balance method［J］. Plant and Soil，1999，215（1）：39－45.

［11］ 李思静，查天山，秦树高，等. 油蒿（artemisia ordosica）茎流动态及其环境控制因子［J］. 生态学杂志，2014，33（1）：112－118.

［12］ Chabot R，Chaumontc，Moreaus，et al. Evaluation of the sap flow determined with a heat balance method to measure the transpiration of a sugarcane canopy［J］. Agricultural Water Management，2005，1（75）：10－24.

［13］ Thorburn P J，Walker G R，Brunel J P. Extraction of water from Eucalyptus trees for analysis of deuterium and oxygen－18：laboratory and field techniques［J］. Plant，Cell & Environment，1993，16（3）：269－277.

［14］ 王鹏，宋献方，袁瑞强，等. 基于氢氧稳定同位素的华北农田夏玉米耗水规律研究［J］. 自然资源学报，2013，28（3）：481－491.

［15］ 巩国丽，陈辉，段德玉. 利用稳定氢氧同位素定量区分白刺水分来源的方法比较［J］. 生态学报，2011，31（24）：7533－7541.

［16］ 高琛，鲁绍伟，李少宁，等. 基于同位素与液流的沙地杨树人工林水分利用策略［J］. 灌溉排水学报，2013，32（6）：108－112.

［17］ 赵付勇，赵经华，洪明，等. 气象因子对滴灌条件下核桃树茎流速率的影响［J］. 节水灌溉，2015（7）：14－16.

［18］ Kigalu J M. Effects of planting density on the productivity and water use of tea（Camellia sinensis L.）clones：I. Measurement of water use in young tea using sap flow meters with a stem heat balance method［J］. Agricultural Water Management，2007，90（3）：224-232.

［19］ 李会，刘钰，蔡甲冰，等. 夏玉米茎流速率和茎直径变化规律及其影响因素［J］. 农业工程学报，2011，27（10）：187-191.

［20］ 刘浩，孙景生，段爱旺，等. 温室滴灌条件下番茄植株茎流变化规律试验［J］. 农业工程学报，2010，26（10）：77-82.

［21］ 王成，孙凯，王龙，等. 南疆绿洲区滴灌红枣不同生育期水肥利用研究［J］. 节水灌溉，2014（5）：18-21.

［22］ 桑玉强，张劲松. 华北山区核桃液流变化特征及对不同时间尺度参考作物蒸散量的响应［J］. 生态学报，2014，34（23）：6828-6836.

［23］ 胡琼娟，陈杰，马英杰，等. 滴灌条件下核桃灌溉制度研究［J］. 水土保持通报，2012，32（5）：244-247.

［24］ 徐庆华，刘勇，马履一，等. 长白落叶松幼苗耗水速率与气象因子的关系［J］. 西北林学院学报，2010，25（3）：12-14.

［25］ 冯志文，姜远茂，田玉政，等. 气象因子对红富士苹果树干茎流特性的影响［J］. 山东农业大学学报（自然科学版），2013，44（1）：18-24.

［26］ 莫康乐，陈立欣，周洁，等. 永定河沿河沙地杨树人工林蒸腾耗水特征及其环境响应［J］. 生态学报，2014，34（20）：5812-5822.

［27］ 赵自国，夏江宝，王荣荣，等. 不同土壤水分条件下叶底珠（Securinega suffruticosa）茎流特征［J］. 中国沙漠，2013，33（5）：1385-1389.

［28］ Irvine J，Perks M P，Magnani F，et al. The response of Pinus sylvestris to drought：stomatal control of transpiration and hydraulic conductance.［J］. Tree Physiology，1998，18（6）：393-402.

［29］ 崔莉，董希斌，宋启亮，等. 大兴安岭低质林不同林型主要树种冠层分析与比较［J］. 东北林业大学学报，2013，41（9）：1-5.

［30］ Brown N，Jennings S，Wheeler P，et al. An improved method for the rapid assessment of forest understorey light environments［J］. Journal of Applied Ecology，2000，37（6）：1044-1053.

［31］ 赵平，曾小平，蔡锡安，等. 利用数字植物冠层图象分析仪测定南亚热带森林叶面积指数的初步报道［J］. 广西植物，2002（6）：485-489.

［32］ 郭华，王孝安. 黄土高原子午岭人工油松林冠层特性研究［J］. 西北植物学报，2005（7）：1335-1339.

［33］ Liu C，Kang S，Li F，et al. Canopy leaf area index for apple tree using hemispherical photography in arid region［J］. Scientia Horticulturae. 2013，164：610-615.

［34］ 陈继东，纪晓林，屈柏林，等. 应用 hemiview 冠层分析系统估测人工复层林郁闭度［J］. 河北林业科技，2007（4）：5-7.

［35］ Mason E G，Diepstraten M，Pinjuv G L，et al. Comparison of direct and indirect leaf area index measurements of Pinus radiata D. Don［J］. Agricultural and Forest Meteorology. 2012，166-167：113-119.

［36］ 刘春伟，关芳，杜太生，等. 西北旱区苹果园耗水规律研究［C］//中国农业工程学会农业水土工程专业委员会. 现代节水高效农业与生态灌区建设（上）. 昆明：云南大学出版社，2010：171 - 176.

［37］ 马泽清，刘琪璟，曾慧卿，等. 南方人工林叶面积指数的摄影测量［J］. 生态学报，2008（5）：1971 - 1980.

［38］ 郝玉梅，李凯荣. 洛川县红富士苹果树冠层特性初步研究［J］. 干旱地区农业研究，2007（5）：75 - 79.

［39］ 赵伟，武亚斌，朱志华，等. 红皮云杉单木冠层光能分布的探讨［J］. 植物研究，1997（2）：93 - 98.

［40］ 张友胜，张苏峻，李镇魁. 车八岭林下植物叶绿素分布模式及对光照条件的响应［J］. 华南农业大学学报，2007（3）：113 - 115.

［41］ Keeling H C, Phillips O L. A calibration method for the crown illumination index for assessing forest light environments［J］. Forest Ecology and Management，2007，242（2 - 3）：431 - 437.

［42］ 王文杰，蒋卫国，王维. 环境遥感监测与应用［M］. 北京：中国环境科学出版社，2010.

［43］ 薛利红，曹卫星，罗卫红，等. 光谱植被指数与水稻叶面积指数相关性的研究［J］. 植物生态学报，2004（1）：47 - 52.

［44］ 王希群，马履一，贾忠奎，等. 叶面积指数的研究和应用进展［J］. 生态学杂志，2005（5）：537 - 541.

［45］ 曾也鲁，李静，柳钦火. 全球 LAI 地面验证方法及验证数据综述［J］. 地球科学进展，2012，27（2）：165 - 174.

［46］ 刘晓冰，Herbert S J. 作物产量潜力的 5P 理论及其研究范畴［J］. 中国农学通报，2001（4）：65 - 66.

［47］ S. K, Duchemin B, Hadria R, et al. Evaluation of digital hemispherical photography and plant canopy analyser for measuring Vegetation area index of orange orchards［J］. Journal of Agronomy，2009，8（2）：67 - 72.

［48］ Chason J W, Baldocchi D D, Huston M A. A comparison of direct and indirect methods for estimating forest canopy leaf area［J］. Agricultural and Forest Meteorology，1991，57（91）：107 - 128.

［49］ Fassnacht K S, Gower S T, Norman J M, et al. A comparison of optical and direct methods for estimating foliage surface area index in forests［J］. Agricultural and Forest Meteorology，1994，71（1 - 2）：183 - 207.

［50］ 方秀琴，张万昌. 叶面积指数（LAI）的遥感定量方法综述［J］. 国土资源遥感，2003（3）：58 - 62.

［51］ Sonnentag O, Talbot J, Chen J M, et al. Using direct and indirect measurements of leaf area index to characterize the shrub canopy in an ombrotrophic peatland［J］. Agricultural and Forest Meteorology，2007，144（3 - 4）：200 - 212.

［52］ 祁漫宇，朱维斌. 叶面积指数主要测定方法和设备［J］. 安徽农业科学，2012，40（31）：15097 - 15099.

［53］ 王晓红，马娟娟，霍德敏，等. 果园灌水及节水技术的发展［J］. 太原理工大学学报，2001（3）：308 - 311.

[54] 陈学敏. 坡地喷灌的研究动态 [J]. 喷灌技术, 1990 (3): 56-58.

[55] 王迪, 李久生, 饶敏杰. 喷灌田间小气候对作物蒸腾影响的田间试验研究 [J]. 水利学报, 2007 (4): 427-433.

[56] 赵竞成. 关于节水灌溉的再认识——兼论广义的节水灌溉 [J]. 中国农村水利水电, 1999 (7): 3-5.

[57] 孔清华, 李光永, 王永红, 等. 地下滴灌施氮及灌水周期对青椒根系分布及产量的影响 [J]. 农业工程学报, 2009, 25 (S2): 38-42.

[58] 马文军, 程琴娟, 李良涛, 等. 微咸水灌溉下土壤水盐动态及对作物产量的影响 [J]. 农业工程学报, 2010, 26 (1): 73-80.

[59] 张航, 李久生. 华北平原春玉米生长和产量对滴灌均匀系数及灌水量的响应 [J]. 农业工程学报, 2011, 27 (11): 176-182.

[60] 郑天翔, 唐湘如, 罗锡文, 等. 不同灌溉方式对精量穴直播超级稻生产的影响 [J]. 农业工程学报, 2010, 26 (8): 52-55.

[61] 韦彦, 孙丽萍, 王树忠, 等. 灌溉方式对温室黄瓜灌溉水分配及硝态氮运移的影响 [J]. 农业工程学报, 2010, 26 (8): 67-72.

[62] 杨启良, 张富仓, 刘小刚, 等. 不同滴灌方式和 NaCl 处理对苹果幼树生长和水分传导的影响 [J]. 植物生态学报, 2009, 33 (4): 824-832.

[63] 赵智, 武阳, 王伟, 等. 微灌方式对成龄香梨生长效应的影响 [C] //中国农业工程学会农业水土工程专业委员会. 现代节水高效农业与生态灌区建设 (上). 昆明: 云南大学出版社, 2010.

[64] 饶晓娟, 王治国, 周勃, 等. 枣棉间套作下不同灌溉方式及灌水量对红枣的影响 [J]. 新疆农业科学, 2013, 50 (12): 2217-2222.

[65] 李巧珍, 郝卫平, 龚道枝, 等. 不同灌溉方式对苹果园土壤水分动态、耗水量和产量的影响 [J]. 干旱地区农业研究, 2007 (2): 128-133.

[66] Zotarelli L, Dukes M D, Scholberg J M S, et al. Tomato nitrogen accumulation and fertilizer use efficiency on a sandy soil, as affected by nitrogen rate and irrigation scheduling [J]. Agricultural Water Management, 2009, 96 (8): 1247-1258.

[67] Zotarelli L, Scholberg J M, Dukes M D, et al. Tomato yield, biomass accumulation, root distribution and irrigation water use efficiency on a sandy soil, as affected by nitrogen rate and irrigation scheduling [J]. Agricultural Water Management, 2009, 96 (1): 23-34.

[68] 陈静, 王迎春, 李虎, 等. 滴灌施肥对免耕冬小麦水分利用及产量的影响 [J]. 中国农业科学, 2014, 47 (10): 1966-1975.

[69] 李昭楠, 李唯, 姜有虎, 等. 西北干旱区戈壁葡萄膜下滴灌需水量和灌溉制度 [J]. 水土保持学报, 2011, 25 (5): 247-251.

[70] 董平国, 王增丽, 温广贵, 等. 不同灌溉制度对制种玉米产量和阶段耗水量的影响 [J]. 排灌机械工程学报, 2014, 32 (9): 822-828.

[71] Rhenals A E, Bras R L. The irrigation scheduling problem and evapotranspiration uncertainty [J]. Water Resources Research, 1981, 17 (5): 1328-1338.

[72] Raju K S, Kumar D N. Irrigation Planning using Genetic Algorithms [J]. Water Resources Management, 2004, 18 (2): 163-176.

[73] Dong W W, Qie Z H, Wu X M, et al. Calculation of Parameters of Crop Water Production Function of Jensen Model based on Simplex Particle Swarm Optimization Algorithm [J]. Journal of Test & Measurement Technology, 2008: 3863 - 3867.

[74] 冯绍元, 蒋静, 霍再林, 等. 基于 SWAP 模型的春小麦咸水非充分灌溉制度优化 [J]. 农业工程学报, 2014, 30 (9): 66 - 75.

[75] Singh R, Kroes J G, Dam J C V, et al. Distributed ecohydrological modelling to evaluate the performance of irrigation system in Sirsa district, India: I. Current water management and its productivity [J]. Journal of Hydrology. 2006, 329 (3 - 4): 692 - 713.

[76] Sarwar A, Bastiaanssen W G M. Long - Term Effects of Irrigation Water Conservation on Crop Production and Environment in Semiarid Areas [J]. Journal of Irrigation and Drainage Engineering. 2001, 127 (6): 331 - 338.

[77] 张志宇, 郗志红, 吴鑫淼. 冬小麦-夏玉米轮作体系灌溉制度多目标优化模型 [J]. 农业工程学报, 2013, 29 (16): 102 - 111.

[78] 王文佳, 冯浩. 基于 CROPWAT - DSSAT 关中地区冬小麦需水规律及灌溉制度研究 [J]. 中国生态农业学报. 2012, 20 (6): 795 - 802.

[79] 霍军军, 尚松浩. 基于模拟技术及遗传算法的作物灌溉制度优化方法 [J]. 农业工程学报, 2007 (4): 23 - 28.

[80] 付强, 金菊良, 梁川. 基于实码加速遗传算法的投影寻踪分类模型在水稻灌溉制度优化中的应用 [J]. 水利学报, 2002 (10): 39 - 45.

[81] 王斌, 张展羽, 张国华, 等. 一种新的优化灌溉制度算法——自由搜索 [J]. 水科学进展, 2008 (5): 736 - 741.

[82] 姚鹏亮, 董新光, 郭开政, 等. 滴灌条件下干旱区枣树根区的土壤水分动态模拟 [J]. 西北农林科技大学学报 (自然科学版), 2011, 39 (10): 149 - 156.

[83] 王沙生, 高荣孚, 吴贯明. 植物生理学 [M]. 北京: 中国林业出版社, 1990.

[84] 刘奉觉, Edwards W. R. N., 郑世锴, 等. 杨树树干液流时空动态研究 [J]. 林业科学研究, 1993 (4): 368 - 372.

[85] 李海涛, 陈灵芝. 应用热脉冲技术对棘皮桦和五角枫树干液流的研究 [J]. 北京林业大学学报, 1998 (1): 3 - 5.

[86] 刘发民. 利用校准的热脉冲方法测定松树树干液流 [J]. 甘肃农业大学学报, 1996 (2): 75 - 78.

[87] 高岩, 张汝民, 刘静. 应用热脉冲技术对小美旱杨树干液流的研究 [J]. 西北植物学报, 2001 (4): 644 - 649.

[88] 白云岗, 宋郁东, 周宏飞, 等. 应用热脉冲技术对胡杨树干液流变化规律的研究 [J]. 干旱区地理, 2005 (3): 373 - 376.

[89] 张喜英. 叶水势反映冬小麦和夏玉米水分亏缺程度的试验 (简报) [J]. 植物生理学通讯, 1997 (4): 249 - 253.

[90] 付爱红, 陈亚宁, 李卫红, 等. 干旱、盐胁迫下的植物水势研究与进展 [J]. 中国沙漠, 2005 (5): 744 - 749.

[91] Kramer R J, John S. Boyer. Water relations of plants and soils [J]. Water Relations of Plants and Soils, 1995, 7.

[92] 张清林, 马英杰, 洪明, 等. 滴灌条件下成龄核桃树叶水势变化规律研究 [J]. 中国农

村水利水电，2011（4）：94-97.

[93] 马艳荣，马娟娟，孙西欢，等. 蓄水坑灌条件下苹果树叶水势及其影响因子的研究[J]. 中国农村水利水电，2015（10）：1-4.

[94] 邓春娟，郭建斌，梁月. 抗蒸腾剂对刺槐、核桃水势日变化的影响[J]. 林业科技开发，2008（6）：30-33.

[95] Goedhart C M, Pataki D E, Billings S A. Seasonal variations in plant nitrogen relations and photosynthesis along a grassland to shrubland gradient in Owens Valley, California [J]. Plant and Soil. 2010, 327（1-2）：213-223.

[96] Filella I, Penuelas J. The red edge position and shape as indicators of plant chlorophyll content, biomass and hydric status. [J]. International Journal of Remote Sensing, 1994, 15（7）：1459-1470.

[97] El-Shikha D M, Barnes E M, Clarke T R, et al. Remote Sensing of Cotton Nitrogen Status Using the Canopy Chlorophyll Content Index（CCCI）[J]. Transactions of the ASABE, 2008, 51（1）：73-82.

[98] 孙守文，赵蕾，古丽·米热，等. 干旱区红富士苹果新叶和功能叶叶绿素 SPAD 值变化规律研究[J]. 石河子大学学报（自然科学版），2013, 31（5）：582-586.

[99] 吕芳德，徐德聪，栗彬. 水分胁迫对美国山核桃叶绿素荧光参数的影响[J]. 中南林学院学报，2006（4）：27-30.

[100] 郑坤，邓宇轩，吕浸仰，等. 海棠和核桃叶片叶绿素含量的时间变化[J]. 生物学通报，2015, 50（4）：56-59.

[101] 樊金拴，陈原国，赵鹏祥. 不同土壤水分条件下核桃的生理生态特性研究[J]. 应用生态学报，2006（2）：171-176.

[102] 娄成后，邵莉楣，段静霞. 高等植物衰老叶片中原生质的撤退现象以及原生质运动在有机物运输中可能具有的作用[J]. 植物学报，1973（2）：204-220.

[103] 张世芳，金树德，陈勇. 节水灌溉玉米亏水生理电阻信息研究[J]. 江苏理工大学学报，1996（6）：6-10.

[104] 郑健，蔡焕杰，王燕，等. 不同供水条件对温室小型西瓜苗期根区土壤水分、温度及生理指标的影响[J]. 干旱地区农业研究，2011, 29（3）：35-41.

[105] 刘战东，段爱旺，肖俊夫，等. 不同土壤水分处理对冬小麦生理生化特性的影响[J]. 节水灌溉，2009（11）：4-7.

[106] Tanner C B. Plant Temperatures [J]. Agronomy Journal, 1963, 55（2）：210-211.

[107] Jackson R D, Idso S B R J, Reginato R J, et al. Canopy temperature as a crop water stress indicator [J]. Water Resources Research, 1981, 17（4）：1133.

[108] 刘明虎，辛智鸣，徐军，等. 干旱区植物叶片大小对叶表面蒸腾及叶温的影响[J]. 植物生态学报，2013, 37（5）：436-442.

[109] 彭辉，李昆，孙永玉. 干热河谷4个树种叶温与蒸腾速率关系的研究[J]. 西北林学院学报，2009, 24（4）：1-4.

[110] 吴强，须晖，韩亚东. 日光温室番茄叶温变化特性研究[J]. 沈阳农业大学学报，2008（5）：618-620.

[111] Chauham J S, Moya T B, singh P K, et al. Influence of soil moisture stress during reproductive stage on physiological parameters and grain yield in upland rice [J]. Ozyza,

1999，1（36）：130 – 135.

[112] Litton C M，Giardina C P，Albano J，et al. The magnitude and variability of soil – surface CO_2 efflux increase with mean annual temperature in Hawaiian tropical montane wet forests [J]. Soil Biology and Biochemistry，2011，11（43）：2315 – 2323.

[113] 张治，田富强，钟瑞森，等. 新疆膜下滴灌棉田生育期地温变化规律 [J]. 农业工程学报，2011，27（1）：44 – 51.

[114] 张少良，张兴义，于同艳，等. 秸秆覆盖对农田黑土春季地温的影响 [J]. 干旱区资源与环境，2010，24（6）：169 – 173.

[115] Azooz R H，Lowery B，Daniel T C，et al. Impact of tillage and residue management on soil heat flux [J]. Agricultural and Forest Meteorology，1997，84（3 – 4）：207 – 222.

[116] 陈玉华，张岁岐，田海燕，等. 地膜覆盖及施用有机肥对地温及冬小麦水分利用的影响 [J]. 水土保持通报，2010，30（3）：59 – 63.

[117] 王红霞. 核桃田间条件下光合特性的研究 [D]. 保定：河北农业大学，2003.

[118] 万素梅，贾志宽，杨宝平. 苜蓿光合速率日变化及其与环境因子的关系 [J]. 草地学报，2009，17（1）：27 – 31.

[119] 谢田玲，沈禹颖，邵新庆，等. 黄土高原4种豆科牧草的净光合速率和蒸腾速率日动态及水分利用效率 [J]. 生态学报，2004（8）：1679 – 1686.

[120] 蔡永萍，李玲，李合生，等. 霍山石斛叶片光合速率和叶绿素荧光参数的日变化 [J]. 园艺学报，2004（6）：778 – 783.

[121] 张治安，杨福，陈展宇，等. 菰叶片净光合速率日变化及其与环境因子的相互关系 [J]. 中国农业科学，2006（3）：502 – 509.

[122] 孙桂丽，徐敏，李疆，等. 香梨两种树形净光合速率特征及影响因素 [J]. 生态学报，2013，33（18）：5565 – 5573.

[123] 于文颖，纪瑞鹏，冯锐，等. 不同生育期玉米叶片光合特性及水分利用效率对水分胁迫的响应 [J]. 生态学报，2015，35（9）：2902 – 2909.

[124] 刘群龙，宁婵娟，王朵，等. 翅果油树净光合速率日变化及其主要影响因子 [J]. 中国生态农业学报，2009，17（3）：474 – 478.

[125] 童贯和. 不同供钾水平对小麦旗叶光合速率日变化的影响 [J]. 植物生态学报，2004（4）：547 – 553.

[126] 张永平，张英华，王志敏. 不同供水条件下冬小麦叶与非叶绿色器官光合日变化特征 [J]. 生态学报，2011，31（5）：1312 – 1322.

[127] 王龙，张旭贤，姚宝林，等. 不同滴灌定额对红枣净光合速率和蒸腾速率的影响 [J]. 塔里木大学学报，2013，25（2）：37 – 42.

[128] 王真真，李宏，苗乾乾，等. 坐果期不同灌溉条件下枣树光合特性研究 [J]. 中南林业科技大学学报，2015，35（5）：59 – 63.

[129] 张国良，玉文凤，杨建民，等. 骆驼黄杏幼树的光合特性 [J]. 果树科学，1999（3）：3 – 5.

[130] 许大全. 光合作用气孔限制分析中的一些问题 [J]. 植物生理学通讯，1997（4）：241 – 244.

[131] 王霄，武胜利. 不同灌溉模式下灰枣树净光合速率的日变化及光响应 [J]. 江苏农业科学，2013，41（5）：117 – 119.

[132] 丁红，戴良香，宋文武，等. 不同生育期灌水处理对小粒型花生光合生理特性的影响 [J]. 中国生态农业学报，2012，20（9）：1149 – 1157.

[133] Puangbut D，Jogloy S，Toomsan B，et al. Drought stress：Physiological basis for genotypic variation in tolerance to and recovery from pre – flowering drought in peanut [J]. Journal of Agronomy and Crop Science，2010，5（196）：358 – 367.

[134] 吕廷良，孙明高，宋尚文，等. 盐、旱及其交叉胁迫对紫荆幼苗净光合速率及其叶绿素含量的影响 [J]. 山东农业大学学报（自然科学版），2010，41（2）：191 – 195.

[135] 潘丽萍，李彦，唐立松. 分根交替灌水对棉花生长、光合与水分利用效率的影响 [J]. 棉花学报，2010，22（2）：138 – 144.

[136] 刘柿良，马明东，潘远智，等. 不同光强对两种桤木幼苗光合特性和抗氧化系统的影响 [J]. 植物生态学报，2012，36（10）：1062 – 1074.

[137] Foyer C H，Noctor G. Leaves in the Dark See the Light [J]. Seience，1999，284（5414）：599 – 601.

[138] Shirke P A，Pathre U V. Diurnal and Seasonal Changes in Photosynthesis and Photosystem 2 Photochemical Efficiency in Prosopis juliflora Leaves Subjected to Natural Environmental Stress [J]. Photosynthetica，2003，41（1）：83 – 89.

[139] 王建林，于贵瑞，王伯伦，等. 北方粳稻光合速率、气孔导度对光强和 CO_2 浓度的响应 [J]. 植物生态学报，2005（1）：16 – 25.

[140] 常宗强，冯起，苏永红，等. 额济纳绿洲胡杨的光合特征及其对光强和 CO_2 浓度的响应 [J]. 干旱区地理，2006（4）：496 – 502.

[141] 郑伟，钟志海，杨梓，等. 大气 CO_2 增加对不同生长光强下龙须菜光合生理特性的影响 [J]. 生态学报，2014，34（24）：7293 – 7299.

[142] Berry J，Bjorkman O. Photosynthetic Response and Adaptation to Temperature in Higher Plants [J]. Annual Review of plant physiology，1980，31（1）：491 – 543.

[143] Crafts – Brandner S J，Salvucci M E. Rubisco activase constrains the photosynthetic potential of leaves at high temperature and CO_2 [J]. Proceeding of the National Academy of Sciences of the United States of America，2000，97（24）：13430 – 13435.

[144] Monneveux P，Pastenes C，Reynolds M P. Limitations to photosynthesis under light and heat stress in three high – yielding wheat genotypes [J]. Journal of Plant Physiology，2003，160（6）：657 – 666.

[145] Triboï E，Martre P，Triboï – Blondel A. Environmentally – induced changes in protein composition in developing grains of wheat are related to changes in total protein content [J]. Journal of Experimental Botany. 2003，54（388），1731 – 1742.

[146] 曾乃燕，何军贤，赵文，等. 低温胁迫期间水稻光合膜色素与蛋白水平的变化 [J]. 西北植物学报，2000（1）：8 – 14.

[147] 徐田军，董志强，兰宏亮，等. 低温胁迫下聚糠萘合剂对玉米幼苗光合作用和抗氧化酶活性的影响 [J]. 作物学报，2012，38（2）：352 – 359.

[148] 邵怡若，许建新，薛立，等. 低温胁迫时间对 4 种幼苗生理生化及光合特性的影响 [J]. 生态学报，2013，33（14）：4237 – 4247.

[149] 吴楚，王政权，范志强，等. 不同氮浓度和形态比例对水曲柳幼苗叶绿素合成、光合作用以及生物量分配的影响（英文）[J]. 植物生态学报，2003（6）：771 – 779.

[150] 吴楚，范志强，王政权. 磷胁迫对水曲柳幼苗叶绿素合成、光合作用和生物量分配格局的影响 [J]. 应用生态学报，2004 (6)：935 - 940.

[151] 吴楚，王政权，孙海龙，等. 氮磷供给对长白落叶松叶绿素合成、叶绿素荧光和光合速率的影响 [J]. 林业科学，2005 (4)：31 - 36.

[152] 申明，成学慧，谢荔，等. 氨基酸叶面肥对砂梨叶片光合作用的促进效应 [J]. 南京农业大学学报，2012，35 (2)：81 - 86.

[153] 王建林，温学发，赵风华，等. CO_2 浓度倍增对 8 种作物叶片光合作用、蒸腾作用和水分利用效率的影响 [J]. 植物生态学报，2012，36 (5)：438 - 446.

[154] 李清明，刘彬彬，邹志荣. CO_2 浓度倍增对干旱胁迫下黄瓜幼苗光合特性的影响 [J]. 中国农业科学，2011，44 (5)：963 - 971.

[155] 郝兴宇，韩雪，李萍，等. 大气 CO_2 浓度升高对绿豆叶片光合作用及叶绿素荧光参数的影响 [J]. 应用生态学报，2011，22 (10)：2776 - 2780.

[156] 王铁良，周罕琳，李波，等. 水肥耦合对树莓光合特性和果实品质的影响 [J]. 水土保持学报，2012，26 (6)：286 - 290.

[157] 王颖，李晓彬，范阳阳，等. 不同水分处理对梨枣树花期光合特性影响研究 [J]. 灌溉排水学报，2011，30 (2)：111 - 114.

[158] 王文明，姜益娟，郑德明，等. 磁化水滴灌对枣树光合作用与蒸腾作用的影响 [J]. 新疆农业科学，2010，47 (12)：2421 - 2425.

[159] Baryosef B. Trickle Irrigation and Fertilization of Tomatoes in Sand Dunes：Water，N，and P Distributions in the Soil and Uptake by Plants1 [J]. Agronomy Journal，1977，69 (3)：486 - 491.

[160] Ertek A，Kanber R. Effects of different drip irrigation programs on the boll number and shedding percentage and yield of cotton [J]. Agricultural Water Management，2003，60 (1)：1 - 11.

[161] Feigin A，Letey J，Jarrell W M. Celery Response to Type，Amount，and Method of N - Fertilizer Application under Drip Irrigation [J]. Agronomy Journal，1982，74 (6)：971 - 977.

[162] Bristow K L，Cote C M，Cook F J，et al. Soil wetting and solute transport in trickle irrigation systems [A]. 6th International Micro - irriqation Technology for Development Agriculture. Conference Papers [C]. 2000.

[163] Miller R J，Rolston D E，Rauschkolb R S，et al. Labeled Nitrogen Uptake by Drip - Irrigated Tomatoes [J]. Agronomy Journal，1981，73 (2)：265 - 270.

[164] Gardenas A I，Hopmans J W，Hanson B R，et al. Two - dimensional modelling of nitrate leaching for various fertigation scenarios under micro - irrigation. [J]. Agricultural Water Management，2005，74 (3)：219 - 242.

[165] 王全九，王文焰，汪志荣，等. 盐碱地膜下滴灌技术参数的确定 [J]. 农业工程学报，2001 (2)：47 - 50.

[166] 张学军，赵营，陈晓群，等. 滴灌施肥中施氮量对两年蔬菜产量、氮素平衡及土壤硝态氮累积的影响 [J]. 中国农业科学，2007 (11)：2535 - 2545.

[167] 蔡焕杰，邵光成，张振华. 棉花膜下滴灌毛管布置方式的试验研究 [J]. 农业工程学报，2002 (1)：45 - 48.

[168] 李久生，张建君，任理. 滴灌点源施肥灌溉对土壤氮素分布影响的试验研究（英文）[J]. 农业工程学报，2002（5）：61－66.

[169] 习金根，周建斌，赵满兴，等. 滴灌施肥条件下不同种类氮肥在土壤中迁移转化特性的研究 [J]. 植物营养与肥料学报，2004（4）：337－342.

[170] 李明思，贾宏伟. 棉花膜下滴灌湿润峰的试验研究 [J]. 石河子大学学报（自然科学版），2001（4）：316－319.

[171] Novák, Viliam. Estimation of soil－water extraction patterns by roots [J]. Agricultural Water Management，1987，12（4）：271－278.

[172] 姚建文. 作物生长条件下土壤含水量预测的数学模型 [J]. 水利学报，1989（9）：32－38.

[173] 罗远培，李韵珠. 根土系统与作物水氮资源利用效率 [M]. 北京：中国农业出版社，1996.

[174] Molz F J, Remson I. Extraction Term Models of Soil Moisture Use by Transpiring Plants [J]. Water Resources Research，1970，6（5）：1346－1356.

[175] Molz F J, Remson I. Application of an Extraction－Term Model to the Study of Moisture Flow to Plant Roots [J]. Agronomy Journal. 1971，63（1）：72－77.

[176] Molz, FJ. Models of water transport in the soil－plant system－a review [J]. Water Resources Research，1981，17（5）：1245－1260.

[177] Clothier B E, Smettem K R J, Rahardjo P. Sprinkler Irrigation, Roots and the Uptake of Water [M] //Ross K, Fluhle H, Jury W A et al. Field－Scale Water and Solute Flux in Soil. Basel：Birkhauser Verlag，1990：101－108.

[178] 冯起，司建华，李建林，等. 胡杨根系分布特征与根系吸水模型建立 [J]. 地球科学进展，2008（7）：765－772.

[179] 白文明，左强，李保国. 乌兰布和沙区紫花苜蓿根系吸水模型 [J]. 植物生态学报，2001（4）：431－437.

[180] 乔冬梅，史海滨，薛铸. 盐渍化地区油料向日葵根系吸水模型的建立 [J]. 农业工程学报，2006（8）：44－49.

[181] 虎胆·吐马尔白，王一民，牟洪臣，等. 膜下滴灌棉花根系吸水模型研究 [J]. 干旱地区农业研究，2012，30（1）：66－70.

[182] 罗毅，于强，欧阳竹，等. 利用精确的田间实验资料对几个常用根系吸水模型的评价与改进 [J]. 水利学报，2000（4）：73－81.

[183] Amin M G M, Šimůnek J, Lægdsmand M. Simulation of the redistribution and fate of contaminants from soil－injected animal slurry [J]. Agricultural Water Management，2014，131：17－29.

[184] Deb S K, Sharma P, Shukla M K, et al. Numerical Evaluation of Nitrate Distributions in the Onion Root Zone under Conventional Furrow Fertigation [J]. Journal of Hydrologic Engineering，2016，2（21）：1－12.

[185] Deb S K, Shukla M K, Simunek J, et al. Evaluation of Spatial and Temporal Root Water Uptake Patterns of a Flood－Irrigated Pecan Tree Using the HYDRUS（2D/3D）Model [J]. Journal of Irrigation & Drainage Engineering Asce，2013，139（8）：599－611.

[186] El－Nesr M N, Alazba A A, Šimůnek J. HYDRUS simulations of the effects of dual－drip subsurface irrigation and a physical barrier on water movement and solute transport

in soils [J]. Irrigation Science，2014，32（2）：111 – 125.

[187] Han M，Zhao C，Šimůnek J，et al. Evaluating the impact of groundwater on cotton growth and root zone water balance using Hydrus – 1D coupled with a crop growth model [J]. Agricultural Water Management，2015（160）：64 – 75.

[188] Imran M，Anwar – Ul – Hassan，Iqbal M，et al. Assessment of actual evapotranspiration and yield of wheat under different irrigation regimes with potassium application [J]. Soil Enciron，2015，2（34）：156 – 165.

[189] Šimůnek J，Bristow K L，Helalia S A，et al. The effect of different fertigation strategies and furrow surface treatments on plant water and nitrogen use [J]. Irrigation Science，2016，34：56 – 69.

[190] Wang Z，Jin M，Šimůnek J，et al. Evaluation of mulched drip irrigation for cotton in arid Northwest China [J]. Irrigation Science，2014，32（1）：15 – 27.

[191] Phogat V，Malik R S. Performance of an analytical model for seepage and water table rise under different canal hydrological factors [J]. Irrigation and Drainage，1997，46（1）：105 – 117.

[192] Phogat V，Mahadevan M，Skewes M，et al. Modelling soil water and salt dynamics under pulsed and continuous surface drip irrigation of almond and implications of system design [J]. Irrigation Science，2012，30（4）：315 – 333.

[193] Šimůnek J，Šejna M，Kodešová R. Simulating Nonequilibrium Movement of Water，Solutes and Particles Using HYDRUS – A Review of Recent Applications [J]. Soil and Water Research. 2008，7（72）：42 – 51.

[194] Phogat V，Skewes M A，Mahadevan M，et al. Evaluation of soil plant system response to pulsed drip irrigation of an almond tree under sustained stress conditions [J]. Agricultural Water Management，2013，118（Complete）：1 – 11.

[195] Phogat V，Malik R S，Kumar S. Modelling the effect of canal bed elevation on seepage and water table rise in a sand box filled with loamy soil [J]. Irrigation Science，2009，27（3）：191 – 200.

[196] 李久生，张建君，饶敏杰. 滴灌施肥灌溉的水氮运移数学模拟及试验验证 [J]. 水利学报，2005（8）：932 – 938.

[197] 马军花，任理. 考虑水力学和矿化参数空间变异下土壤水氮运移的数值分析 [J]. 水利学报，2005（9）：1067 – 1076.

[198] 王伟，李光永，傅臣家，等. 棉花苗期滴灌水盐运移数值模拟及试验验证 [J]. 灌溉排水学报，2009，28（1）：32 – 36.

[199] Buchner R P，Debuse C J，Lampinen B D，et al. Clonal Walnut Rootstocks in Northern California [C]. 2010.

[200] 闫业庆，胡雅杰，张旭昇，等. 不同天气条件下玉米生长期茎流变化特性及研究 [J]. 中国农村水利水电，2011（10）：1 – 6.

[201] 宋凯. 成年富士苹果树茎流特征及需水规律的研究 [D]. 泰安：山东农业大学，2011.

[202] 陶汉之. 茶树光合日变化的研究 [J]. 作物学报，1991（6）：444 – 452.

[203] 孙存举，赵鹏祥，王宏哲. 陕北山杏树干茎流变化及其影响因子分析 [J]. 水土保持通报，2011，31（6）：42 – 46.

［204］ 白重炎，高巨营，张朝. 13 种核桃茎的解剖结构与其抗寒抗旱性研究［J］. 安徽农业科学，2011，39（27）：16496－16498.

［205］ 李就好，陈海波，何晓晖，等. 不同水分处理下甘蔗植株茎流变化规律研究［C］// 中国农业工程学会学术年会，2011.

［206］ 李国臣，于海业，马成林，等. 作物茎流变化规律的分析及其在作物水分亏缺诊断中的应用［J］. 吉林大学学报（工学版），2004（4）：573－577.

［207］ 赵自国，夏江宝，王荣荣，等. 不同土壤水分条件下叶底珠（Securinega suffruticosa）茎流特征［J］. 中国沙漠，2013，33（5）：1385－1389.

［208］ 王华田，赵文飞，马履一. 侧柏树干边材液流的空间变化规律及其相关因子［J］. 林业科学，2006（7）：21－27.

［209］ 李文娆，李小利，张岁岐，等. 水分亏缺下紫花苜蓿和高粱根系水力学导度与水分利用效率的关系［J］. 生态学报，2011，31（5）：1323－1333.

［210］ 吴健. 草地早熟禾根系生长过程及吸水动态研究［D］. 北京：北京林业大学，2011.

［211］ 姚春霞. 干旱胁迫及复水条件下玉米根系吸水能力的变化［D］. 杨凌：西北农林科技大学，2012.

［212］ 牛晓丽，胡田田，刘亭亭，等. 适度局部水分胁迫提高玉米根系吸水能力［J］. 农业工程学报，2014，30（22）：80－86.

［213］ 王磊. 干旱区滴灌核桃树根系空间分布及吸水模型研究［D］. 乌鲁木齐：新疆农业大学，2013.

［214］ 赵经华，洪明，穆哈西，等. 滴灌和畦灌的幼龄核桃树根系空间分布特性研究［J］. 节水灌溉，2015（2）：5－7.

［215］ 马长明，刘广营，张艳华，等. 核桃树干液流特征研究［J］. 西北林学院学报，2010，25（2）：25－29.

［216］ 张俊. 清耕、覆草措施下枣树树干液流、叶水势规律的研究［D］. 乌鲁木齐：新疆农业大学，2012.

［217］ Allen R，Pereira L，Raes D，et al. Crop evapotranspiration guidelines for computing crop water requirements，FAO Irrigation and Drainage Paper 56［J］. FAO，1998，56.

［218］ Smith M，Smith M G，Allen R，et al. Report on the expert consultation on revision of FAO methodologies for crop water requirements［J］. Nutrition Reviews，1993，43（2）：49－51.

［219］ 张维，焦子伟，尚天翠，等. 新疆西天山峡谷海拔梯度上野核桃种群统计与谱分析［J］. 应用生态学报，2015，26（4）：1091－1098.

［220］ 张维，焦子伟，任艳利，等. 新疆野核桃自然保护区不同坡向野核桃种群生命表与波动周期［J］. 西北植物学报，2015，35（6）：1229－1237.

［221］ 中华人民共和国水利部. 灌溉试验规范：SL 13—2004［S］. 北京：中国水利水电出版社，2004.

［222］ Restrepo - Diaz H，Melgar J C，Lombardini L. Ecophysiology of horticultural crops：an overview［J］. Agronomía Colombiana，2010，28（1）：71－79.

［223］ 艾民，刘振奎，杨延杰，等. 温度、光照强度和 CO_2 浓度对黄瓜叶片净光合速率的影响［J］. 沈阳农业大学学报，2005（4）：414－418.

［224］ 马福生，康绍忠，王密侠，等. 调亏灌溉对温室梨枣树水分利用效率与枣品质的影响

[J]. 农业工程学报，2006（1）：37-43.

[225] 赵玉宇，魏永华，魏永霞，等. 不同沟灌方式对玉米光合速率和蒸腾速率的影响 [J]. 灌溉排水学报，2010，29（5）：110-113.

[226] 高明月，吉小敏，靳开颜. 不同水分条件下胡杨和新疆杨苗期叶绿素变化 [J]. 防护林科技，2011（2）：6-8.

[227] 胡笑涛. 温室番茄局部控制灌溉节水调控机制与水分亏缺诊断 [D]. 杨凌：西北农林科技大学，2012.

[228] 邵玺文，韩梅，韩忠明，等. 不同生境条件下黄芩光合日变化与环境因子的关系 [J]. 生态学报，2009，29（3）：1470-1477.

[229] 刘国顺，王行，史宏志，等. 不同灌水方式对烤烟光合作用的影响 [J]. 灌溉排水学报，2009，28（3）：85-88.

[230] 柴仲平. 滴灌条件下红枣水肥耦合效应研究 [D]. 乌鲁木齐：新疆农业大学，2010.

[231] 柴仲平，蒋平安，王雪梅，等. 新疆几种主要特色果树施肥现状调查研究 [J]. 中国农学通报，2008（11）：231-234.

[232] 张计峰，梁智，朱敏，等. 核桃树的养分积累、分布及叶绿素含量的变化 [J]. 北方果树，2009（5）：9-11.

[233] 洪明，张丽，赵经华，等. 滴灌施肥条件下核桃树早衰叶片矿质元素含量分析 [J]. 干旱地区农业研究，2011，29（4）：153-156.

[234] 冀爱青，朱超，彭功波，等. 不同早实核桃品种叶片矿质元素含量变化及其与产量的关系 [J]. 植物营养与肥料学报，2013，19（5）：1234-1240.

[235] 王新亮，徐颖，相昆，等. 核桃氮、磷、钾营养研究进展 [J]. 山东农业科学，2013，45（10）：145-148.

[236] 阿迪力江·艾麦尔，马英杰，赵经华，等. 不同微灌灌水技术对幼龄核桃果实生长发育，产量和品质的影响研究 [J]. 节水灌溉，2014（6）：19-21.

[237] 王治国，饶晓娟，刘少杰，等. 根渗灌条件下施肥对核桃产量构成因素的影响 [J]. 新疆农业科学，2014，51（3）：449-454.

[238] 丁友芳，张晓霞，史玲玲，等. 葛根净光合速率日变化及其与环境因子的关系 [J]. 北京林业大学学报，2010，32（5）：132-137.

[239] 郑冰，马英杰，洪明，等. 软管灌条件下核桃树光合作用日变化及果实品质初步研究 [J]. 节水灌溉，2010（10）：8-11.

[240] 赵经华，洪明，马英杰，等. 灌水技术对核桃树光合特性日变化的影响研究 [J]. 灌溉排水学报，2014，33（2）：94-97.

[241] 王润元，杨兴国，赵鸿，等. 半干旱雨养区小麦叶片光合生理生态特征及其对环境的响应 [J]. 生态学杂志，2006（10）：1161-1166.

[242] 原双江，刘朝斌. 核桃栽培新技术 [M]. 咸阳：西北农林科技大学出版社，2008.

[243] 周晓东，朱启疆，王锦地，等. 夏玉米冠层内 PAR 截获及 FPAR 与 LAI 的关系 [J]. 自然资源学报，2002（1）：110-116.

[244] 李艳大，汤亮，张玉屏，等. 水稻冠层光截获与叶面积和产量的关系 [J]. 中国农业科学，2010，43（16）：3296-3305.

[245] 徐丽宏，时忠杰，王彦辉，等. 六盘山主要植被类型冠层截留特征 [J]. 应用生态学报，2010，21（10）：2487-2493.

[246] 李丹，赵经华，洪明，等. 梨树冠层光分布特性与叶面积指数关系的研究 [J]. 水资源与水工程学报，2015，26（3）：227-230.

[247] 李丹，赵经华，洪明，等. 不同种类果树冠层特性比较 [J]. 北方园艺，2015（16）：40-43.

[248] 班宏娜. 樟子松人工林树冠层光分布规律及对生长影响的研究 [D]. 哈尔滨：东北林业大学，2010.

[249] 段若溪，姜会飞. 农业气象学 [M]. 北京：气象出版社，2005.

[250] 张明炷，黎庆淮，石秀兰. 土壤学与农作学 [M]. 北京：中国水利水电出版社，2007.

[251] 王新平，李新荣，张景光，等. 沙漠地区人工固沙植被对土壤温度与土壤导温率的影响 [J]. 中国沙漠，2002（4）：37-42.

[252] 任志雨. 根区温度对日光温室黄瓜生长发育和生理生化代谢的影响 [D]. 泰安：山东农业大学，2002.

[253] 任志雨，王秀峰，魏珉，等. 不同根区温度对黄瓜幼苗生长及光合参数的影响 [J]. 山东农业大学学报（自然科学版），2003（1）：64-67.

[254] 赵鹏，常涛，张玉鑫. 根区温度对甜瓜幼苗生长的影响 [J]. 北方园艺，2008（12）：88-90.

[255] 廉勇，崔世茂，包秀霞，等. 不同根区温度对辣椒幼苗生长及光合参数的影响 [J]. 北方园艺，2014（15）：43-45.

[256] 白云岗. 极端干旱区成龄葡萄需水规律及微灌节水技术研究 [D]. 乌鲁木齐：新疆农业大学，2011.

[257] 周伯川，高洪庆. 核桃的特性及其制油工艺的研究 [J]. 中国油脂，1994（6）：3-5.

[258] 崔莉，葛文光. 核桃蛋白质功能性质的研究 [J]. 食品科学，2000（1）：13-16.

[259] 虎胆·吐马尔白. 作物根系吸水率模型的试验研究 [J]. 灌溉排水，1999·4）：3-5.

[260] 王进鑫，王迪海，刘广全. 刺槐和侧柏人工林有效根系密度分布规律研究 [J]. 西北植物学报，2004（12）：2208-2214.

[261] 魏国良，汪有科，王得祥，等. 梨枣人工林有效吸收根系密度分布规律研究 [J]. 西北农林科技大学学报（自然科学版）. 2010，38（1）：133-138.

[262] Selim T，Bouksila F，Berndtsson R，et al. Soil Water and Salinity Distribution under Different Treatments of Drip Irrigation [J]. Soil Science Society of America Journal，2013，27（4）：1144-1136.

[263] 席本野. 毛白杨人工林灌溉管理理论及高效地下滴灌关键技术研究 [D]. 北京：北京林业大学，2013.

[264] 康绍忠. 西北旱区流域尺度水资源转化规律及其节水调控模式 [M]. 北京：中国水利水电出版社，2009.

[265] Skaggs T H，Trout T J，Šimůnek J，et al. Comparison of HYDRUS-2D Simulations of Drip Irrigation with Experimental Observations [J]. Journal of Irrigation and Drainage Engineering，2004，130（4）：304-310.

[266] Elmaloglou S，Malamos N. Estimation of the wetted soil volume depth，under a surface trickle line source，considering evaporation and water extraction by roots [J]. Irrigation and Drainage，2005，54（4）：417-430.

[267] Kool D，Ben – Gal A，Agam N，et al. Spatial and diurnal below canopy evaporation in a desert vineyard：Measurements and modeling [J]. Water Resources Research. 2015，50（8）：7035 – 7049.

[268] Feddes R A. Simulation of field water use and crop yield [J]. Soil Science. 1978，129（3）：193.

[269] 席本野，贾黎明，王烨，等. 地下滴灌条件下三倍体毛白杨根区土壤水分动态模拟[J]. 应用生态学报. 2011，22（1）：21 – 28.

[270] Shen J，Batchelor W D，Jones J W，et al. Incorporation of a subsurface tile drainage component into a soybean growth model [J]. Transactions of the America Society of Agricultural Engineers，1998，41（5）：1305 – 1313.

[271] 胡琼娟. 滴灌条件下核桃灌溉制度和蒸腾规律的研究 [D]. 乌鲁木齐：新疆农业大学，2010.

[272] Šimůnek J，Genuchten M T V，Šejna M. Development and Applications of the HYDRUS and STANMOD Software Packages and Related Codes [J]. Vadose Zone Journal，2008，7（2）：587 – 600.